JN014260

情シスの定石

失敗事例から学ぶ システム企画・開発・ 保守・運用のポイント

石黒直樹・解夏 ［著］

Naoki Ishiguro, Gege

技術評論社

はじめに

　本書を手にとっていただき、ありがとうございます。株式会社グロリア 代表取締役の石黒直樹と申します。まずは簡単ですが、筆者の経歴を紹介します。

　前職は日本を代表するシステムインテグレータ（SIer）である株式会社野村総合研究所にて、システムエンジニアとして15年勤務。主に、高い品質が必要とされる金融系システムを担当していました。プログラムコーディングに始まり、システム設計、大規模プロジェクト実施、保守、運用など、お客様である事業会社の情報システム部門（以下、情シス）と直接仕事をする機会も多く、多くの貴重な経験をしました。

　その後、独立して現職へ。現職においても、ITを駆使し、主に中小企業や個人事業主のビジネス発展のお手伝いをしています。そもそものデジタル活用コンサルティングから、デジタルマーケティング、システムやサービスの構築・運用、バックオフィスの効率化、PoC（Proof of Concept：概念実証）のサポート、スマホアプリの設計・構築・リリースなど、ありとあらゆることにチャレンジしています。

　大小さまざまな規模の企業の皆様と仕事をする中で感じるのは、「システムはよく分からん」という空気感です。それは情報システムを担当している立場の方であっても、です。たしかにシステムは、個々の状況によって実施すべきことも千差万別です。全体感も分からなければ、どのような活動をすれば良いのかも分からない。新しい技術も次々に出てきて追いつけない。それが実状かもしれません。

　しかし、それでは前に進めません。筆者は若輩者ではありますが、システムに関する経験やノウハウはあります。それをこのまま埋もれさせてしまうのはもったいない。なんとかして「定石」となるように体系立てて、それを多くの方に届けることができないか。そう考え、出版にトライしました。

　本書は「事業会社における情シス」のための本です。
　情シスがやるべきことは多岐にわたり、とても1冊の本には収まりません。

すべてを説明しようとしたら、本書の10倍のページ数があっても足りないでしょう。執筆の終盤戦は「いかにして内容を削るか」という勝負になり、限られたページ数の中でできる限り全体感をとらえ、エッセンスを感じ取っていただけるように苦心しました。まだまだ書きたい内容はありますが、それはまた別の機会にすることとします。第1章において、本書をどのようにしてまとめ上げたのかを説明していますので、ぜひ読み飛ばさず、最初にお読みいただけますと幸いです。

　本書は、解夏との共著となります。仕事を通じて知り合った間柄で、前職を退職するタイミングで声をかけたのがきっかけでした。

　一般的な共著では、章ごとに担当を分けて執筆することが多いかもしれません。しかし本書では、ベースとなる原稿は分担して執筆するも、すべてにおいて両者が内容を確認、編集を行っています。そこに遠慮はなく、時には真っ向からの意見のぶつかり合いもありました。しかし、最後は「情シスの皆様に"本当に役に立つ内容"を届けるにはどうあるべきなのか」という原点に立ち返り、本書を作り上げることができました。

　筆者は、情シスの底力向上こそが、この先の企業、日本、ひいては世界の発展に繋がると信じています。そして何より、読者の皆様が、仕事を通じて「より理想とする人生の実現」に繋げられることを願っております。本書が、少しでもその力になることができれば光栄です。

2022年1月21日
　　　　　著者を代表して　株式会社グロリア 代表取締役　石黒直樹

目次

第4章 サービス導入

第6章 運用

第 1 章

情シスが抱える課題と
本書の役割

1.1 情報システム部の現状

　昨今、企業の統廃合や業務の多角化によるシステムの乱立により、情報システムの複雑化が課題となっている企業が多いと言われています。この複雑化したシステム土台の維持・管理だけでも大変難しいだけでなく、次々と登場する新しいテクノロジーやサービスに適合していかなければ企業としての競争優位性がなくなり、存続すらおぼつかない状況になります。

　また、昨今は「DX（デジタルトランスフォーメーション）」という言葉に代表される、デジタル技術を活用した価値の提供が求められるようになってきました。もちろん、情報システムの根幹を担うのは、情報システムを担当する情報システム部（以降、本書では情シスと略します）になります。しかし、情シスの現場は、以下に挙げるような状況になっていませんか。

［現場の課題①］ 情シスにノウハウが蓄積しない

　主に日本企業における課題です。システムがまったく分からない人が別の部署から情シスに異動してくることや、逆に、システムに詳しい人が別部署に異動することがよくあります。

　もちろん、「上手に引き継ぎをすれば良いのでは？」というお叱りはあるかもしれません。しかし、システムは皆さんが想像している以上に職人芸であり、簡単に引き継げるものではありません。「お作法的な方法」や「前回の対応と同じ方法」だけではまず上手くいきません。

　中途採用を行うという手段もありますが、企業が望んでいる優秀な人材の採用はなかなか難しいのが実情です。また「その組織ならではの活動の仕方」というものがどうしても存在するため、「中途採用で即戦力！」というのは現実的には難しいです。

　さらに、日本においては、事業会社と開発ベンダ（システムを作る会社）におけるシステム人材の比率は3：7と言われています（米国は逆の7：3）。そのため、システム開発における構築ノウハウなどは開発ベンダ側に多く蓄積され、事業会社には蓄積しづらい構造になっていると言えるでしょう。ノウハウが蓄

積されない結果、一向に生産性が上がらない負のスパイラルに陥っています。

［現場の課題②］ IT人材の育成が難しい

　事業会社の情シスは、特性としてIT人材を育成するスキームがあまりありません。なぜなら、ITを専門としている企業ではないためです。

　筆者は、IT人材の育成は難しいと考えています。特に別の部署から異動してくる人や、新卒でシステム部門に入ってくる人は、システム開発の全体像を理解するところから始めます。もちろん、IT人材の育成のために社外研修を活用する手段もありますが、それらは一過性のものになってしまう可能性もあります。

　また、新規メンバについては、システムを満足に開発できません。システム全体をどのようにしていくかといった展望も分からず、対応相場感もよく分からないため、開発ベンダの言いなり、開発ベンダ任せとなることもしばしばです。その開発ベンダが優秀であればまだ良いのですが、品質・コスト・納期に大きな問題が発生することも多々あります。

　そして何より、このような環境では新たな（有望な）人材も集まりません。

［現場の課題③］ 人材不足（ひとり情シスや部署兼務の常態化）

　ユーザ企業（事業会社）のIT人材の「量」に対する過不足については、不足している割合が年々上昇しています。小規模な事業会社になると、情シスがひとりの場合や兼務させられている場合もあり、なおさらこの傾向は強い可能性があります[注1.1]。

　IT人材が不足していると、定常業務やエンドユーザからの問い合わせに忙殺されてしまい、DX化の検討や人材育成に割く時間などが捻出できなくなります。IT企画どころか現状の改善すらできません。

注1.1　（参考）『IT人材白書2020　今こそDXを加速せよ〜選ばれる"企業"、選べる"人"になる〜』（独立行政法人　情報処理推進機構　社会基盤センター編）図表2-1-1
https://www.ipa.go.jp/files/000085255.pdf

　企業におけるシステム活用範囲が広がっていくに伴い、業務機能ごとにさまざまなシステムが乱立していたり、サービスを外部から調達したりしているため、システム全体が複雑化しているのが実情です。また、似たようなシステムを過去の経緯から複数構築しなくてはならないケースもあり、それも複雑化を招く一要因になっています。

　この複雑化した状態のシステムを、他から来たメンバがすぐに把握し、改善していくのは非常に難しいと言えます。

COLUMN

開発ベンダの SE と事業会社の社内 SE の違い

　筆者は開発ベンダのSEと事業会社のSEをどちらも経験しています。その中で感じた違いを以下に記します（筆者の主観や、部署や会社による違いもあり、あくまで参考情報と考えてください）。

業務内容・得られるスキル	<開発ベンダ> 物を作る工程である要件定義からシステムテストを中心に担当します。開発力や、納期に間に合わせるためのマネジメント力も養うことができます。 <事業会社> 企画から運用まで一貫した業務を行えます。特に上流の「投資判断」「IT企画」など、全体をデザインする業務は事業会社のほうが携わりやすい傾向があります。業務は開発ベンダの管理や成果物のレビューが中心になります。
人材育成	<開発ベンダ> IT人材の育成ノウハウがあり、自社で研修施設を持っている場合もあるので、人材育成は事業会社より手厚いことが多いです。 <事業会社> IT専門企業ではないため、外部の研修機関に頼らざるを得ません。人材を新卒から育て上げるというよりは、中途採用で賄うことが多いです。
労働時間	開発ベンダのほうが、事業会社と比較して労働時間が長くなる傾向があります。理由は、請け負った業務を納期までにしないといけないためです。納期は開発ベンダ側の都合によって変更することは難しく、遅延していると、場合によっては残業をしてでも間に合わせる必要があるためです。

1.2 課題に対する本書の役割

筆者は、こうした課題を解決するための一つの処方箋が**「情シスとしてやるべきことを理解し、無駄なく、高いレベルで実行する」**ことだと考えます。

一番お手軽なのは「書籍」という形でまとまっていることです。しかし、情シスが実施すべき範囲は膨大であり、それぞれの対応部位における詳しい専門書はありますが、全体感が分かるような書籍がなかなか見つかりません。これでは、そもそも「どれを手に取れば良いのか」が判断できません。

そこで本書は、情シスとしてシステムを利用・開発・運用していくための全体像やノウハウをまとめ、いわゆるバイブルとして使っていただけることを目指しました。

1.2.1 本書から得られること

本書を一読すると、まずは事業会社における「情シスがやるべきこと」の全体感が分かります。さらに、担当業務の該当部位を読みながら実践することで、実業務においても活用することができます。

1.2.2 対象読者

本書は、事業会社に所属している情シスのための書籍ですが、**「情シスがやるべきこと」**について理解を深めたい方にも有益です。

・部署異動により情シスに配属され、右も左も分からない人
・システム開発ベンダから事業会社の情シスに転職し、業務内容が分からない人
・情シスに長年在籍しているが全体感がよく分からない、または自身の対応方法が正しいのか分からない人
・情シスにおける部下（新人）の育成方法に悩んでいる人
・情シスと相対しているが、何をしているのかイメージが湧かない業務部門の人
・事業会社の情シスとシステム開発ベンダの違いを理解したい就活生

1.2.3 課題解決のための本書の「コンセプト」

先に解説したさまざまな課題を解決するために、本書は下記をコンセプトとして作り上げました。

1) 全体感を提示

全体感が分かっていないと、この先何をすべきか見えてきませんし、個別最適な対応に終始してしまいます。本書では「鳥瞰図」を提示するとともに、それぞれの対応の位置付けを明確にしました。鳥瞰図については次節で説明します。

2) 情シスがやるべきことを広範囲に提示

全体感があっても、その範囲がシステム開発のみだと、情シスとしての活動範囲としては不足しています。

本書は「システムのライフサイクル」を軸として整理することで、情シスの活動をカバーしました。本書の範囲を網羅的に解説している書籍は、まず見当たりません。

一方で、あまりにも広範囲を扱うため、内容は広く・浅くとしています。より深掘りが必要な場合は、そうした専門書にも手を伸ばしてみてください。

3) 現場で使えるように工夫

情シスの現場に目線をうつすと、当然、システムも違えば体制、状況も違います。そんな中で、「こういった対応が必要です」と教科書的なことのみをいくら言われても、なかなか現場で使うことは難しいでしょう。

本書では、筆者が経験してきたノウハウに基づく定石を提示するとともに、具体例を紹介することで、「読者自身の状況においてはどうなのか」をイメージアップしやすいように工夫しています。

1.3 本書の構成

1.3.1 全体構成

　本書では、まず情シスがやるべき全体感を把握するために、「**システムのライフサイクル**」を軸に整理しました。

　また、実は正攻法で実施するだけでは失敗することが多々あります。「何故だろう？」と考えを重ねた結果、**そこには見えていない「要因」がある**ことに気がつきました（要因についての詳細は後述します）。

　「やるべきこと」と「気にすべきこと」を一つの図として作成したもの――**鳥瞰図**は図1.1になります。

図1.1　全体鳥瞰図

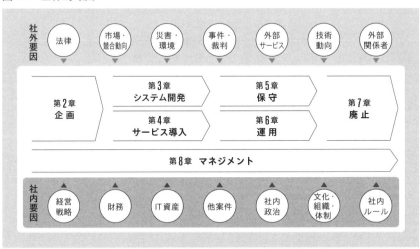

　この鳥瞰図を見ながら、今実施している対応はどこに該当するのか、常に立ち位置を意識するようにしてください。

　本書では、この鳥瞰図中央に位置する矢印部分の一つ一つがそれぞれの章にあたります。第1章（本章）を除き、第2章～第8章の7つに分類しました。各章の概要を表1.1にまとめます。

表1.1　**本書の各章の概要**

章	タイトル	内　　容
第1章	情シスが抱える課題と本書の役割	本章。本書の構成を解説しており、より深い理解を得るために、必ずお読みください。
第2章	企画	システムを作り出す前にやるべきことがあります。それが企画です。本書では、システムそのものではない「事業会社のサービス企画（事業企画）」から、システム開発開始前までを、企画としてまとめました。
第3章	システム開発	いわゆる「システム開発プロジェクト」です。開発ベンダへ発注した後から、移行本番（リリース）までを説明しています。
第4章	サービス導入	昨今はシステム開発を行う以外にも、世の中のさまざまなサービスを導入して利用するケースが増えています。システム開発とは異なる対応も多いため、サービス導入としてまとめました。
第5章	保守	システムは作って終わりではありません。機能追加やバグ対応を行い、継続して使えるようにしていかなければなりません。プログラム改修といったシステム対応が発生するものを、本書では保守と定義しました。
第6章	運用	何もしなければ、システムは止まってしまいます。日々、システムを継続して動かすために対応する必要があります。本書ではそれらを運用と定義し、整理しました。
第7章	廃止	システムも永遠には稼働できません。いつかは必ず使えなくなる時がきます。それが廃止です。本書の廃止は、システム起因による廃止を指します。
第8章	マネジメント	以上、すべての対応において必要となることがマネジメントです。進捗や課題、品質などへの根幹となる考え方は共通です。そのため、本書ではマネジメントとして一つにまとめました。

　なお、各章において必要な対応は完全に分離しているわけではありません。たとえば「第4章　サービス導入」においても、プログラム開発が必要となるケースはあります。「第3章　システム開発」の内容と重複しますので、そうしたケースでは、説明している箇所を明示しています。そちらの解説に従ってください。

　章同士の関連性は、大きくは**図1.2**のようになります。

図 1.2　本書の各章の関連性

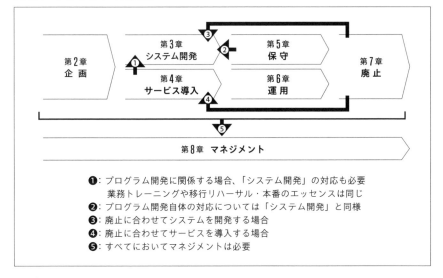

❶：プログラム開発に関係する場合、「システム開発」の対応も必要
　　業務トレーニングや移行リハーサル・本番のエッセンスは同じ
❷：プログラム開発自体の対応については「システム開発」と同様
❸：廃止に合わせてシステムを開発する場合
❹：廃止に合わせてサービスを導入する場合
❺：すべてにおいてマネジメントは必要

　また、**本書ではPDCAサイクル注1.2を非常に重視しています。**PDCAサイクルはビジネス活動における基本であり、継続して改善していくために実施する、受け入れやすいフレームワークであるためです。大小さまざまなPDCAサイクルが考えられますが、本書では表1.2の単位でPDCAサイクルを表しました。もちろん、それ以外の単位でもPDCAサイクルは意識してください。

表 1.2　PDCA サイクルの解説パターン

パターン	内　容
各章の 「節（ステップ）」が 一つのPDCAサイクル	章の最初から最後までを実施することが、一つのプロジェクトとなるパターン。各節（ステップ）ごとにPDCAサイクルが回るように解説しています。本文に下記のバーが登場しますので、ヒントとしてお使いください。「第2章　企画」「第3章　システム開発」「第4章　サービス導入」「第7章　廃止」が対象となります。 `Plan`　`Do`　`Check`　`Action`
章自体が一つの PDCAサイクル	章の最初から最後までで一つのPDCAサイクルが回るパターン。明確な完了タイミングがない「第5章　保守」「第6章　運用」が該当します。

注1.2　PDCAサイクルとは、Plan（計画）、Do（実行）、Check（評価）、Action（改善）の頭文字を取ったものです。計画を行い、それを実行し、評価と改善を行う一連の流れを指します。計画に対して、改善点はないかを評価することが重要です。

1.3.2 各章の構成

本書では、鳥瞰図における「一つの矢印＝章」のことを**フェーズ**と呼びます。また、フェーズ内における要素を**ステップ**と呼びます。各フェーズは、複数のステップから構成されます。

いずれの章においても、最初の1節で全体鳥瞰図における章の位置付け、進め方のステップについて述べています。

また、各章において同じ型で解説することで、理解を深められることを狙いました。具体的には表1.3の構成で整理しました。

表 1.3　各章の構成内容

節	項	タイトル	内　容
1節	1項	鳥瞰図における位置付けと内容	当フェーズ（章）の全体感と、含まれるステップについて簡単に解説します。
2節以降	－	（各ステップの名称）	当ステップ（節）における目的、体制、タスクといった全体を整理します。
	1項	活動内容	当ステップ（節）での実施すべき基本となる活動（制作物）を解説します。
	2項	ポイント	活動するにあたり、ポイントとして考えられるノウハウを伝えます。
	3項	特に重要な社外要因・社内要因	上述した正攻法以外の「気にするべき」こと。実例も交えながら解説します。
	4項以降	失敗事例	より自分ごととして理解しやすくするために、失敗事例を挙げ、さらにそれに対する解決策を提示します。
最終節		まとめ	当フェーズ（章）のポイントをまとめます。

1.3.3 要因について

「1.3.1　全体構成」の中で、「そこには見えていない「要因」があることに気がつきました。」と書きました。ここでは、その要因について解説します。

筆者は大小さまざまなプロジェクトや、保守・運用を経験してきましたが、「正しく実施しているはずなのに失敗する」というケースがありました。お作法を守っていても失敗するのです。そうした事象を深掘りしていくと、「見えてはいないが、気にして対処していかないと失敗するものがある」ことが分かりま

した。**この失敗のきっかけとなる事象を、本書では「要因」と呼びます。**

これらの要因を整理していくと、**大きくは「社外」「社内」に分類できる**ことが分かり、さらにそれを**「社外要因」7つ、「社内要因」7つのカテゴリで分類**しました。さまざまな要因を強く意識し、各ステップ（節）を実行していく必要があります。

なお、この要因の整理について、本書では「人に責任がある」点は除外しています。たとえば「この対応をした人のスキル不足でシステム障害が発生した」といったケースです。「人が悪い」と言い始めると、ほぼすべての事柄が「人が悪い」となります。それでは何の改善もできません。

本書ではこのようなケースにおいても、「フォロー体制が作れていない」「育成の仕組みに問題がある」のように、組織面などに「要因」があるのではないかと考え整理しています。

それでは、各要因について具体的に解説します。各ステップ（節）において、これらのうちどの要因を気にすべきなのか、具体的にどのような影響があるのかは、各ステップを参照してください。

◉ (社外) 法律

少し小難しい言い方をすると、社会秩序を維持するために強制される規範を指します。システムにおいても、法律に遵守した対応が必要です。たとえば、民法改正による契約への影響、消費増税に伴うシステム改修、個人情報保護法改正に伴う運用の見直しなどです。法律をチェックしていないと、違法となってしまいます。

◉ (社外) 市場・競合動向

実際にシステムを導入する業界の市場における動向やトレンドを指します。右にならえで対応しなければいけないのか、あえて左を向くのか、企業戦略にも大きく関わる要因であり、どのようにシステムを形作っていくかを決める重要なポイントとなります。

また、競合（企業）の動向もシステム開発に影響を及ぼす要因になります。競合他社より先にサービスを開始しなければ、顧客シェアを奪われ、サービス存続に危機を及ぼすといったケースもあるでしょう。

⊙ 社外 災害・環境

その名の通り、天変地異による災害を指します。2011年3月11日に発生した東日本大震災は記憶に新しいところでしょう。大地震を想定し、業界やシステム特性によってはBCP（Business Continuity Plan：事業継続計画）を考慮したシステム開発が必須となるなど、システムにも大きな影響を与えました。

また、昨今のコロナ禍においても、環境による影響を感じるところはあるでしょう。従来の対面での打ち合わせが封じられ、リモートベースでの打ち合わせが増えました。こうした環境による影響は、プロジェクトスケジュールやコストにも大きく作用します。

⊙ 社外 事件・裁判

事件や裁判も、システム開発に大きな影響を及ぼす要因となり得ます。たとえば、同業他社においてセキュリティインシデントが発生した場合、それを教訓として新たなシステム開発要件が発生する可能性があります。システム開発における裁判も発生しており、その判決が契約や活動へ影響を与えることもあります。

⊙ 社外 外部サービス

近年では、システムは自社での所有から、必要な部分だけを利用するクラウド型サービスが主流になってきています。どのような外部サービスを選択するかについても、システム開発へ大きく影響を及ぼす要因となります。また、外部サービスが突如終了するといった、不可避な大打撃を食らうこともあり得ます。

⊙ 社外 技術動向

生産性を向上させる新技術などの技術動向についても、システム開発に大きく影響を与える要因になります。たとえば、生産性を向上させる可能性を秘めているノーコード開発・ローコード開発も昨今ではかなり主流になってきました。トレンドの技術を使用することが最善とは限りませんが、検討から漏れていると、生産性やコスト力に大きく差が出る可能性があります。

逆に、レガシー資産がどのようになるかも注視する必要があります。たとえば、金融業界で多用されているCOBOL言語。技術者を今後も確保し続けられるのか……といった観点も必要です。

⊙ 社外 外部関係者

開発ベンダや外部サービス担当者（窓口）、コンサルティングファーム、エンドユーザ（顧客）など、外部関係者が「誰」であるかも、非常に重要な要因となります。社外であるため、通常、直接的に体制を指示できません。外部関係者の力量を把握し、適切な対応を行っていく必要があります。

⊙ 社内 経営戦略

その名の通り、企業の経営戦略です。販売戦略、採用戦略、育成戦略、パートナー戦略など、システム開発・運用の方向性に大きく影響します。

⊙ 社内 財務

当然と言えば当然ですが、財務状況は大きな影響を及ぼします。そもそもシステム開発費用がないといった状況もあるでしょうし、「いくらかかっても良いからこのシステムは必要だ」といった状況もあるでしょう。自社の財務状態を意識し、適切なシステム開発タイミングを見計らうことも重要です。

⊙ 社内 IT資産

IT資産とは、企業が保持しているIT関連資産の総称を指します。たとえばPC・プリンタなど普段馴染みがあるものから、サーバやネットワークなどの「ハードウェア資産」、人事システムや基幹システムなどの「ソフトウェア資産」などがあります。

こうした手持ちの駒によって、どのようなシステムを構築するのが最適なのかまったく変わってきます。IT「資産」という名前にはしていますが、レガシーなシステムは資産どころか「負債」であるケースもあります。2019年に経済産業省が発表した「2025年の崖」は、大きな反響がありました[注1.3]。

⊙ 社内 他案件

他案件とは、自身が担当している案件とは別に進行している案件や、進行し

注1.3 「2025年の崖」とは、複雑化・老朽化・ブラックボックス化した既存システムが足をひっぱり、競争力の遅れや高コスト体質から抜け出せないという未来を予測したレポートです。
『DXレポート～ITシステム「2025年の崖」克服とDXの本格的な展開～』（経済産業省）
https://www.meti.go.jp/shingikai/mono_info_service/digital_transformation/20180907_report.html

そうな案件を指します。たとえば、他案件で構築する前提としていた機能が、その案件の遅れや中止により、成り立たなくなるといったケースが考えられます。

◉ 社内 社内政治

社内政治と記載していますが、要は社内調整、社内人脈、権力関係などです。社内で情報を伝えるべき人間にきちんと情報を吹き込んでおかないと、思わぬどんでん返しを食らう可能性があります。

◉ 社内 文化・組織・体制

自社組織の文化、組織、体制です。

文化については可視化をするのが難しいですが、「風通しが悪い文化」や「引き継ぎや育成をしない文化」と言えばイメージが伝わりますでしょうか。

組織については、「縦割り組織」や「他部署とのコミュニケーションのしやすさ」が対象として挙げられます。

表1.4 「社外要因・社内要因」と「各ステップ」の影響マトリクス表

#	分類	出現数	2章 企画					3章 システム開発						
			サービス企画	システム企画	RFP	提案書評価・契約	サービス評価	プロジェクト計画	要件定義	設計（基本設計・詳細設計）	開発・ベンダテスト	ユーザ受け入れテスト	業務トレーニング	移行リハーサル・移行本番
			4	4	5	6	4	4	7	3	4	4	2	3
社外-1	法律	12	○		○	●			○		○		○	
社外-2	市場・競合動向	5	○		○		○		●					
社外-3	災害・環境	4		○				○	○					
社外-4	事件・裁判	5			○			○				○		○
社外-5	外部サービス	10					○			○				
社外-6	技術動向	4		○							○			
社外-7	外部関係者	4												
社内-1	経営戦略	4	●											
社内-2	財務	6	○											
社内-3	IT資産	10		●		●		○						
社内-4	他案件	15			○			●	○					
社内-5	社内政治	6		●	●									○
社内-6	文化・組織・体制	18								●		●	●	●
社内-7	社内ルール	10					○	○	●	●	●			

○＝特に重要な社外要因・社内要因　●＝失敗事例にも登場

体制は、活動体制の意味合いとなります。作られた体制がそもそも活動に適していないケースもありますし、個々人のモチベーションを上げられるような体制ではないケースもあります。

◉ 社内 社内ルール

システムを設計する上での標準化指針、内部統制やセキュリティルールなどを指します。ルールを逸脱したシステムは、何かしらの対応が求められることでしょう。

これらの社外要因・社内要因と、各ステップで解説する要因のマトリクスを**表1.4**に示します。どのステップで、どういった要因を特に意識しないといけないか、イメージアップにお使いください。

なお、社外要因はコントロールが難しく、社内要因は比較的コントロールしやすいものでもあります。この点についても認識しておきましょう。

	4章 サービス導入					5章 保守				6章 運用					7章 廃止			8章 マネジメント				
	プロジェクト計画	サービス導入設計	サービス設定・確認	業務トレーニング	移行リハーサル・移行本番	保守の全体設計	保守契約の締結	優先順位付け・案件実施	評価・改善	運用計画	イベント管理	システム管理	障害対応	評価・改善	プロジェクト計画	廃止設計	廃止実施	マネジメントの基本	Plan	Do	Check	Action
	0	6	2	2	2	4	3	3	3	4	6	6	3	3	0	7	2	0	3	1	2	1
							○	○			○			○		○		○				
												○										
										○												
											○											
		●	●	●	●						●					○	●					
												○										
		○							○		●					○						
										○												
						○						●				○						
						●						●										
		○			○					●		●				●		○				●
		○								●			○									
		○	○	○		●	●	●	●		●		●			○				●	●	
		●										○				○		●			○	

1.3.4 登場人物について

　情シスをとりまく体制は、組織によってさまざまです。そこで本書では、ある程度一般的と考えられる体制を「想定体制」とし、整理しました。各節の解説冒頭で想定体制を掲載していますが、ここで登場人物を説明しておきましょう（表1.5）。

表1.5　想定体制の登場人物

登場人物	役　割
情シス	本書の主人公である情報システム部です。システム開発から運用まで、「システムのことはよろしく」とされる部署です。「第6章　運用」のみ、「情シス（開発）」「情シス（運用）」に分けています。詳細は第6章を参照してください。
業務部門	社内システムの利用者、あるいは顧客（社外）と向き合う部署。業務遂行の責任部隊です。
責任者	本書では、特定の部署ではなく「責任者の役割」として登場しています。「最終判断を行い、責任を取る人」とイメージしてください。体制によって、情シスのプロジェクト責任者の場合もありますし、業務部門のビジネスオーナかもしれません。
コンサル	知見や助けが欲しい時に依頼する、その名のイメージ通りのコンサルです。外部への発注となります。
開発ベンダ	システム開発ベンダを指します。ベンダとは、単純に言うとシステムを作ってくれる会社です。外部への発注となります。
外部サービス担当	外部サービスの窓口担当者。外部サービスの営業担当であったり、システム担当であったりしますが、「外部サービスへの問い合わせを受けてくれる人」とイメージしてください。

第 2 章

企画

2.1 「企画」とは

「企画」とは、すべての始まりです。企画なしにシステムを作ることはないでしょう。

　システムが使えるものになるかならないか、システム負債（＝システムが事業の足をひっぱってしまうこと）となってしまわないか、すべてはこの**企画フェーズでどこまで良いものが作れるか**にかかっています。

　システム構築は、後工程になればなるほど、手戻りの費用が莫大に膨れ上がります。少し古いデータですが[注2.1]、システム仕様の修正コストについて整理した情報があります。この情報によれば、要求仕様作成時点の修正コストを「1」とすると、設計段階では「5」、コーディングは「10」、テストは「20」、納入時点は「200」となるとのことです。

　極端な言い方をすると、企画段階での考慮は、納入時点で不備に気がついて対応する200倍の価値があるということです。そのことを肝に銘じて、企画を進めましょう。

2.1.1 鳥瞰図における位置付けと内容

　鳥瞰図における本フェーズの位置と、その中のステップについて説明します（図2.1）。

　図にあるように、企画フェーズを経て、システム開発やサービス導入フェーズに入っていきます。何を実現したくて、そしてそれをどのように作るのか。企画はそれを決めるフェーズです。当フェーズ内のステップは**図2.2**の通りです。

　本書は情シスの方に向けた内容となりますが、本章では、システム企画を行う前のサービス企画から視野に入れて説明を行います。なぜならば、**サービス**

注2.1　（出典）JASPIC SPIJapan2009 奈良隆正氏「ソフトウェア品質保証の方法論、技法、その変遷〜先達の知恵に学ぶ〜」
http://www.jaspic.org/event/2009/SPIJapan/keynote/SJ9keynote.pdf

図 2.1　企画フェーズの位置付け

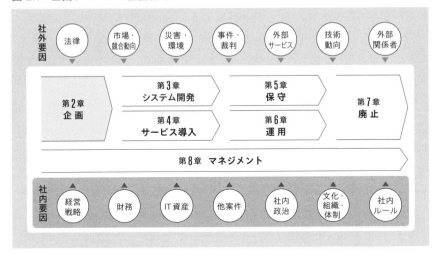

図 2.2　企画フェーズのステップ

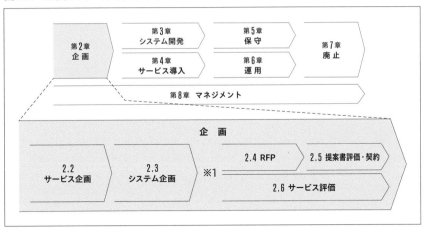

企画から情シスとして絡んでいかないと、もはやサービスが成り立たないほどにシステムが重要な要因となっているためです。また、情シスとしての役割もしっかりと存在します。

　図2.2では、「※1」で進み方が分岐します。システム企画の内容により、「スクラッチ開発」（自社専用のシステムを自分たちで作り上げること）するのか、販売されている「サービス」を使うのかに大きく分かれ、それぞれ実施する内容が異なるためです注2.2。

　また、スクラッチ開発とサービス導入では対応内容が変わってきますので、後続の章が異なります。「2.5　提案書評価・契約」の後は「第3章　システム開発」、「2.6　サービス評価」の後は「第4章　サービス導入」となります。ただし、「2.6　サービス評価」の検討過程でカスタマイズなどのシステム開発が必要となる部分については、「第3章　システム開発」を参照してください（図2.3）。

図 2.3　分岐後に続く章

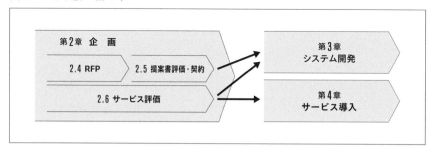

　各ステップの概要は以下の通りです。

◉ 2.2　サービス企画

　より良い企画ができることで、ビジネスは成功します。当ステップは、システムの話というよりは、企業としてどのようなサービスを作り上げていくのか、という話になります。一般的には事業計画に該当する内容となりますが、本書では情シスも体制に組み込まれていないと困る、という考えから「サービス企画」と呼んでいます。「事業計画」だと、情シスには声がかからないようなイメージがあるためです。

　情シス自体がサービス企画の作成を主導することは少ないかもしれませんが、サービス企画の品質を上げるためのサポートを実施する必要があります。たとえば、既存システムから取得できるファクト（たとえば、とあるサービスの会員数や、そうした方がどういった商品をよく閲覧しているか、といったアクセス履歴）の提供や、システムを使った将来予測、システム構築の実現性やその費用感などです。

注2.2　立てつけは各組織によりますが、ビジネスよりのシステムを開始する場合はサービス企画から実施、社内ユーザを相手にする場合はシステム企画から入る場合が多いです。

⊙ 2.3　システム企画

　サービス企画を実現するために、どのようなシステムを形作っていけば良いのか。システムに対する要求など、この後のステップでシステム化の内容を具体的にするためのインプット情報をまとめます。

　システム品質の大元は当ステップです。この後の工程では、大きな方向転換は難しくなっていきます。広い視点を持ち、メリット・デメリットをしっかりと考慮して形作りましょう。

⊙ 2.4　RFP

　スクラッチで開発する場合、システム開発ベンダに依頼することがほとんどでしょう。システム開発ベンダに提案を依頼する時に提示するドキュメントのことを「RFP（Request for Proposal：提案依頼書）」と呼びます。このRFPを作成し、システム開発ベンダに提案を依頼するのが当ステップです。RFPを作成する場合は、一般的には複数社に依頼を行います。

　なお、必ずしもこのステップを行う必要はありません。むしろ、RFPまで作って対応するケースのほうが少ないでしょう。コンペを行ってシステム開発ベンダを決める場合に作る、とイメージするほうが実態に合っています。ただし、コンペを行わないとしても、依頼するシステム開発ベンダにシステム要求などを正しく伝えることは必要です。

⊙ 2.5　提案書評価・契約

　RFPに対して、システム開発ベンダから提案を受け取り、それを評価し、依頼するシステム開発ベンダと契約を行うステップです。

　IT専門誌『日経コンピュータ』が2018年に実施した調査[注2.3]によると、システム開発の成功率は「52.8%」だそうです。つまり、二つに一つは失敗しています（実はこれでも以前に比べると成功率は上がっており、2003年の調査では26.7%でした）。

　どのような体制で活動していくか、お互いが完遂すべき責任は何なのか、それを決めるのが契約です。契約に関しては不慣れな方も多いかもしれませんが、

注2.3　（出典）「特集 半数が「失敗」～1700プロジェクトを納期、コスト、満足度の3軸で
　　　独自調査」（日経XTECH）
　　　https://xtech.nikkei.com/atcl/nxt/mag/nc/18/022100026/

その内容は成功の肝と断言できるほど大切です。良い契約なくしてシステム開発の成功はない、と意識してください[注2.4]。

◉ 2.6 サービス評価

　販売しているサービスの利用を検討する場合に実施するステップです。候補のサービスが複数あるのであれば比較を行います。業務での利用方法を確認し、現状との違いなどを確認しつつ、課題や必要となる対応を洗い出します。こうした活動を経て、どのサービスを採択するかを決定します。

COLUMN

企画こそ、高い IT レベルが必要

　本書では「サービス企画」から情シスの参画を求めていますが、その理由は前述の通り、サービスが成り立たないほどにシステムが重要な要因となっているためです。さらに、企画に必要となるIT知識は非常に広範囲で、深いレベルが求められます。

　検討中の企画がシステムで実現できるのか。構築するのにどれくらいの費用がかかるのか。どういったシステムリスクが考えられるのか。運用負担はどれくらいあるのか。こういった感覚を持つ人間が参画しているだけで、企画の質が格段に向上します。また、この先必要となるシステム開発や運用まで含めて、大きな費用対効果も見込めます。

注2.4　良い契約とは、一方的に優位な契約のことではありませんのでご注意ください。双方にとって成功を目指せるような内容であることを意味します。

2.2 サービス企画

● 「サービス企画」ステップの概要

項　　目	内　　容
ステップ名	サービス企画
目　　的	事業（サービス）の大枠の形となる「土台」を作成することで、関係者全員が同じ方向を向いて活動できるようにする
インプット	企業理念、（企業全体としての）事業計画 など、「そもそも」の指針となるもの
アウトプット	サービス企画書

● 想定体制図

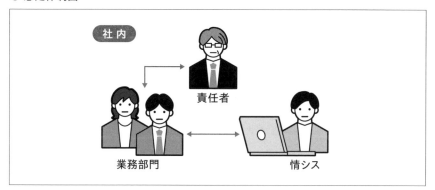

社内

責任者

業務部門　　　　　　　　情シス

● 各担当者の活動タスク

担当者	活動タスク
情シス	・サービス企画作成のためのシステム観点のサポート ・業務部門との連携
業務部門	・サービス企画の作成 ・情シスとの連携（相談、必要な情報の取得依頼） ・責任者への報連相
責任者	・実施サポート ・最終的な判断

2.2.1　サービス企画の活動内容

　サービス企画書の内容は、**いわゆる事業計画書に相当するもの**です。たとえば、表2.1のような要素を作成することになります。

表 2.1　事業計画書 要素例

要　　素	内　　　容
目的	企業として当事業を行う目的を整理する
基本戦略	コンセプト、ビジョン、販売方法など、勝ちに向かうための戦略を整理する
各種調査	市場規模、ニーズ、ターゲットなどを調査し、事業の裏付けを説明する
ビジネスモデル	自社の強みも踏まえて、どのように収益を上げていくのかの青写真を作成する
サービスフロー	関係者（顧客、業務担当、システム）がどういった関わり方をしてサービスを稼働させていくのかを、粗めの粒度で作成する
計画	売り上げ、生産、設備投資、資金調達など、事業を実現するための計画を策定する

　サービス企画作成の主体は情シスではないことが多いです。主体となる業務部門と連携しながら、サービス企画書作成に必要となるシステム面をサポートする形となります。

　サービス企画を作成する計画（業務部門が作成）を確認し、情シスとしてどのような対応が必要になるかを整理しましょう。予定するタスク、スケジュール（活動時期）、業務部門とのコミュニケーション方法を確認します。

　企画内容を実現するための裏取り（今の技術で実現できるのか）や、判断のためのファクト収集を行います。既存システムから取得できるデータやアクセスログの集計、分析、統計的な処理など、情シスだからこそできるサポートがたくさんあるはずです。

Plan	Do	Check	Action

Plan	Do	Check	Action

Planで想定した活動が完了していることを確認しましょう。そして、この後のシステム企画に向けて、今後の課題と考えられる点の洗い出し、疑問点を解消します。振り返り方については、「8.6　各工程の「改善時」に検討すべきこと［Action］」も参考にしてください。

COLUMN

サービス企画が不要そうなケースでも
サービス企画は必要？

　たとえば社内システムの基盤更改のようなケースでサービス企画書を作ることがあるかと言えば、通常はないでしょう。ただし、情シスとしてサービス企画に必要なエッセンスが不要というわけではありません。

　システム基盤更改を企画するケースであれば、売り上げを上げるためのビジネスモデルといったものは不要でしょう。しかしながら、「利用者（＝社内）のニーズの調査」といった項目は必要です。「2.3.2　システム企画作成のポイント」の「ストーリーを意識した企画書にすること」も併せて確認してください。

2.2.2 サービス企画作成のポイント

　サービス企画の完成後は、システム企画を作成することになります。無理難題をシステムに押しつけられても、できないものはできません。システムが魔法の道具でないことは、皆さんも日々感じているかと思います。こうした状態にならないよう、押さえるべきポイントをしっかりと押さえましょう。ポイントはこの先、つまり「システム開発」や「運用」をイメージして、気になる点や疑問点をしっかりと確認していくことです。

◉ 現実を見据えたシステム目線を持つこと

業務部門に任せきりにすると、夢のようなシステムが必要になることがあります。業務部門では、システムの実現性、コスト、リスクなどが分からないためです。サービス企画を実現する上でどのようなシステムが必要なのか、本当にそんな大それたシステムが必要なのか、サービス企画書の作成自体を支援しましょう。

このタイミングでシステムの詳細な内容が決まっていることはまずありません。肝となるべき要素を押さえ、できる範囲で検討しましょう。システム開発費用に関してもよく聞かれることになりますが、「決まっていないので見積もりはできません」では情シスの価値はゼロです。前提を置いたり過去事例を活用したりしましょう。

◉「システムが分からない」前提でコミュニケーションをとること

システムが分からない人にも通じる言葉でコミュニケーションをとりましょう。システム用語ばかりを使って説明しても、業務部門だけでなく、サービス企画を判断する事業責任者（経営層）も理解できない可能性があります。

こうしたコミュニケーション問題を解決するための方法の一つが、たとえ話で説明することです。ただし、効果は抜群ですが、たとえ話をするためには本質を掴んでいる必要があります。的外れなたとえ話をしても、結局は伝わりません。

◉ システム企画作成に向けた受け入れ準備をすること

企画しているサービスにおいて、システムに対する要求が何なのかを確認しましょう。人が実施するのか、システムが必要なのかといった基本的な部分についても、あやふやなままだと後で大変な目に遭います（何としてでも作れ！となってしまうパターン）。

特に、サービスのコアとなる部分の機能要求・非機能要求を確認しましょう。「特に」と書いたのは、すべてを細かく確認するのは現実的ではないためです。まだ詳細が決まっている段階ではありません。優先度や影響度合いを考えて確認する必要があります。

また、曖昧な内容、人によって解釈が変わってしまうような内容についても、しっかりとその意味を確認しましょう。たとえば「1日10万件の注文を想定する」と書いてあったとしても、注文が1日の中でまばらに発生するのか、たとえば17時に集中して発生するのかによって、必要なシステムのパワーがまっ

たく変わってきます。曖昧な表現はしっかりと確認しましょう。5W2Hを意識すると曖昧な部分が見つけやすいです。

COLUMN

非機能要求とは？

　本書でも何度も出てくる非機能要求は、システムにおいて重要な観点となります。要求は機能要求と非機能要求に分かれますが、機能要求は「商品Aを購入した顧客の一覧を表示したい」といった機能について述べたものです。一方の非機能要求は、「その一覧表の表示を0.1秒以内で完了させなさい」といった、機能そのもの以外の性能などが該当します。

　IPA（独立行政法人 情報処理推進機構）が定義している「非機能要求グレード2018」では、大項目として「可用性」「性能・拡張性」「運用・保守性」「移行性」「セキュリティ」「システム環境・エコロジー」の6つを定義しています。

　機能要求に対し、非機能要求はしっかり漏れなく設計することが難しいと言われています。目に見えにくいものであることも一因ですし、設計が漏れていたとしても、結果的に問題にならないケースも多々あるためです。「3.3.1　要件定義の活動内容」の「表3.8　主な非機能要件」もご覧ください。

COLUMN

要求と要件の違い

　簡単に言えば、要求とは「これが欲しい（作るのはまだ必須ではない）」であり、要件とは「作らなければならないもの」です。本書でもこのように使い分けています。「サービス企画」「システム企画」といった上流工程では要求を出すことが大切であり、いざ「システム開発」となってくると、要件としてやるべきことを定め、それを実現するのです。

2.2.3　特に重要な社外要因・社内要因

　すべての始まりとなるサービス企画では、大きな要因に影響を受けることが多いです。

⊙ (社外) **法律**

　法律の動向は、世の中の方向性でもあります。たとえば個人情報保護法など
で規制が厳しくなる中で、個人情報を取得し、個人の行動をトレースし、それを
大々的に使って行うサービスの企画は、時代に合ったものと言えるでしょうか。

　そもそも法律に適さない企画は違法であり、成り立ちません。2019年、就
職情報サイト「リクナビ」を運営する株式会社リクルートキャリアが、就活生
の内定辞退率を予想したデータを本人に十分な説明をせず企業に販売していた
として、政府の個人情報保護委員会から行政指導・勧告を受けました。該当サー
ビスは廃止に追い込まれ、評判も下がったことでしょう。

⊙ (社外) **市場・競合動向**

　どれだけ良いサービス企画だとしても、競合がほぼ同じサービスをすでに提
供していたら、自社が行う意味はあるのでしょうか。また、勝算はあるのでしょ
うか。

　情シスは、競合と比べた時の優位性についてシステム面からアドバイスをし
ていく必要があります。たとえば、競合A社のシステムはリアルタイムで処理
できないことが分かっており、リアルタイムで処理できたとしたら顧客に大き
な利便性を提供できるのであれば、ほぼ同じ機能を提供するサービスに見えて
も優位性があるわけです。

⊙ (社内) **経営戦略**

　どんなに良い企画でも、自社の経営戦略と方向性がずれていては実行できま
せん。自社の戦略は頭に入れておきましょう。具体例については、この後の失
敗事例を参照してください。

⊙ (社内) **財務**

　当然ですが、投資判断が入るタイミングでは「投資できるお金があるか」に
大いに左右されます。いくら収益が出る見込みがあったとしても、そのための
投資ができるかどうかはまた別の話です。

　サービスを作り上げる費用以外に、広告費なども必要です。予算全体のうち、
システムにかけられる費用がどれくらいなのか、サービス企画の段階でも話し
合いましょう。必要な予算が確保できないプロジェクトは、失敗が約束された
ようなものです。

2.2.4 失敗事例 経営戦略と方向性が異なり、企画になかなかOKが出ず

◉ 関連要因

社内 経営戦略

◉ 事件の概要

とても素晴らしいサービス企画ができあがりました。コストも相当抑えた形で実現できそうです。ところが、サービス企画の承認を得る段階で一部再検討となってしまいました。

理由は、経営戦略にまったく合っていない企画だったため。「内製化（社内メンバでシステムを構築）し、スピード感を持った対応ができるようにしていく」という経営戦略があるにも関わらず、各種外部サービスをふんだんに使って実現する形の企画だったことから、「サービスとしては魅力的だが、外部依存が多く、3年後、5年後の環境についていけるのか」という点が懸念されました。

◉ 問題点

・企画の方向性が自社にマッチしているのか、という視点が抜け落ちていた
・コストが安ければ何でも良い、というわけではない
・経営戦略と食い違う部分があるのであれば、それがなぜなのかをきちんと説明する、といった説明戦略にも落ち度が多かった

◉ 改善策

いきなり企画を説明するのではなく、事前に判断者（責任者）ともコミュニケーションを取りましょう。経営戦略にこだわりすぎるのも問題ですが、明らかに経営戦略にそぐわない企画になるのであれば、「それでもその方向性でいくのか」「大きな問題がないか」などを事前に確認しておくべきです。そうでなければ、企画を作る時間やコストがすべて無駄になってしまいます。あなたの活動費はタダではありません。

2.3 システム企画

● 「システム企画」ステップの概要

項　目	内　容
ステップ名	システム企画
目　的	システムに対する「要求」を整理し、システム化を具体的に検討できる情報とする （特に費用を捻出するオーナや経営層から）システム企画書の社内承認を得て、プロジェクトの立ち上げに向かう
インプット	サービス企画書
アウトプット	システム企画書

● 想定体制図

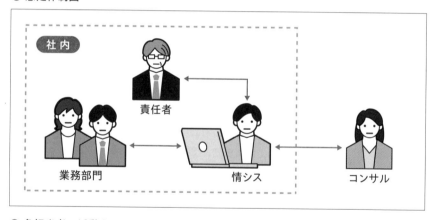

社内

責任者

業務部門　　　情シス　　　コンサル

● 各担当者の活動タスク

担当者	活動タスク
情シス	・システム企画書の作成　・業務部門との連携（企画レビュー） ・責任者への報連相　・コンサルへの支援依頼、内容確認
業務部門	・システムイメージの確認　・スケジュールの確認 ・情シスとの連携
責任者	・実施サポート　・最終的な判断
コンサル	・システム企画のサポート（各種情報提供や企画書作成サポートなど）

第1章

第2章

企画

2.3.1 システム企画の活動内容

本書における「システム企画」ステップですが、「サービス企画」と「RFP」「サービス評価」の橋渡しという位置付けになります。つまり、**実現したい（おおまかな）サービスのイメージから、具体的なシステムを作成するための要求をまとめあげるのが主活動**となります。そのためには、IT知識のみならず、関係者と合意を取っていくといった対人、対組織のコミュニケーション力も必要です。

このタイミングで、コンサルの支援を求めることもあるかと思います。より専門性が必要で、コストに見合う効果が期待できるのであれば、積極的に活用するのも良いと筆者は考えます。

後続ステップで「RFP」「サービス評価」を行いますが、実施した結果、システム企画の内容成立が困難と判断されることも起こり得ます[注2.5]。その場合は、このシステム企画まで戻って内容を再検討することが非常に有効です。システムの規模が大きくなればなるほど、後続ステップに入ってからの手戻りの影響は大きくなります。当ステップをしっかりと実施することが、成功への道と言えるでしょう。

まずは、システム企画書を作成する計画を練りましょう。活動タスク、スケジュールを引きます。システム企画書で何を作成するかは、次の「Do」を参照してください。

システム企画書で作成する要素を提示します（**表2.2**）。サービス企画書の内容をインプットにして、内容に不整合が出ないようにしましょう。サービス企画書とシステム企画書の内容に不整合があると、必ずどこかで歪みが発生します。

注2.5 技術的に、というよりは、予算やスケジュールの影響を受けることが多いです。

表 2.2　システム企画書 作成要素例

要　素	内　　容
経緯	なぜシステム企画を作成することになったのか、背景や課題認識を記述する。
システム投資の目的	今回のシステム投資の目的、期待する効果を整理する。すべてはこの目的のために活動する。
システム構築の方針	どのような方針でシステム構築を行うのかを記述する。優先すべき事項（良いものを作るのか、コストをかけずに作るのか、短期間で作るのか、など）や、スクラッチで作るのか、サービスを利用するのか、その方針を選ぶのはどのような考えからなのかなど、判断するための基準を提示する。
前提・制約	前提・制約をまとめる。予算やスケジュールに影響することが多い。
新業務設計（大枠）	サービス企画を実現するために、どういった業務が必要となるのかを設計する。このタイミングで設計するのはコアとなる部分で良い。詳細を考えすぎると終わらない上に、考えたところで変更となる可能性も高い。
システム要求	新業務設計が成り立つために必要となる機能要求、非機能要求を整理する。特に、このシステム要求は後のステップにおいて重要なインプットとなる。
システム全体像（仮版）	システム要求や現行システムなどのIT資産も踏まえて、現時点で考えられるシステム全体像を描く。開発ベンダと未調整であり、どのサービスを使用するかも未確定であるため、仮版の内容となる。
予算	システム投資の目的に対して、どこまで予算がかけられるかを整理する。
スケジュール	途中の細かなスケジュールよりも、ゴールとなるタイミングやその理由を整理する。
システム企画体制図	社内の体制を記述する。責任者や関係者が分かるようにし、役割を明確化させる。なお、システムを構築する対応そのものに関しては、本書ではあらためてプロジェクト計画を作ることを想定している。

「システム全体像（仮版）」を作成するにあたっては、「スクラッチで作るか」「サービスを利用するか」という判断が必要になることが多々あります。表2.3に簡単に特徴をまとめたので参考にしてください。「その機能を、多大な労力をかけてまで自社仕様とする価値があるかどうか」が判断する基準となります。

　システム企画書ができたら、関係者（業務部門を含む）にレビューし、社内承認を得ましょう。

| Plan | Do | Check | Action |

| Plan | Do | Check | Action |

　Planで立てた計画の点検、そして必要な改善を行いましょう。特に、大きめ

表 2.3　スクラッチとサービス利用の主な違い

分　類	スクラッチ	サービス利用
概要	自社で使うシステムを自分たちで構築する	販売されているサービスや、パッケージソフトを購入し利用する
メリット	・自社に都合の良い仕組みが作れる（他社との差別化がしやすい）	・コストが安い ・すでにサービスが存在するため、短期間で利用準備ができる ・システム運用負荷が低い（特にインフラ面） ・新たな法律への対応など、利用者が共通で必要となる対応はサービス側で実施されることが多い
デメリット	・構築コストが高い ・構築に時間がかかる ・自社で運用をする必要がある ・法律対応などを含めて、すべての対応を自社で行う必要がある	・自社の自由度が低い（サービス提供者が対応有無を判断） ・サービス内容変更、料金変更、サービス終了といった不可避なリスクを抱える ・サービス提供者に自社の情報を預けることになる（暗号化などはされるとしても）

の課題についてはこの先解決していく必要があります。解決に向けてどういった作戦がとれるかをイメージアップしておきましょう。振り返り方については、「8.6　各工程の「改善時」に検討すべきこと［Action］」も参考にしてください。

2.3.2 システム企画作成のポイント

　サービス企画の実現を見据えつつ、システム要求をしっかりと押さえていく必要があります。また、作るだけではなく、運用まで考慮して検討していきましょう。

⊙ ストーリーを意識した企画書にすること

　システム企画書は社内で合意形成をするために作成するものであり、この企画書をもとにさまざまな人に説明を行います。そのため、内容はストーリーを意識して作成することがポイントです。

　新サービスを構築する場合は、今までの経緯をもとに素直にシステム企画書にすれば問題ありません。一方で、情シス主導でシステムをリプレースする場合は、素直な内容だと読み手に響かないことも多く、少しコツが必要です。サーバが老朽化したからといった単純な内容ではなく、たとえば、以下のようにして「対応する価値がある」ことを演出するのがポイントです。

1：現状の課題を記載

2：課題の原因を記載

3：原因を取り除くことでどのような利点があるかを記載（＝プロジェクト目的）

4：解決策（ソリューション）を記載

◉ システムグランドデザインを考えて設計すること

システム全体像の作成においては、本案件のみに閉じて設計しないように注意してください。将来のシステム構成（あるべきシステム像）との関係性も鑑みて、適切なシステム設計をする必要があります。たとえば、顧客から注文を受けるシステムを企画するとしましょう。在庫管理をどこでするのか検討する場合に、システム全体で在庫を一元管理するようなシステムグランドデザインなのであれば、個別に在庫を管理するのはNGでしょう。

◉ 目的や方針の社内承認を得ること

この段階で、しっかりと社内承認を得ることが大切です。この先、必ずといっ

COLUMN

システムグランドデザインとは？

システムグランドデザインとは、経営戦略などの会社の方向性を実現するためにシステムがどうあるべきかを描いたものです。そして、それを踏まえた「システム全体の設計思想」「システム全体のあるべき姿」「今後（たとえば10年後）のシステムロードマップ」といった全体像をデザインします。

システムグランドデザインがあることで、個々のシステム投資判断もしやすくなります。また、どこにシステム機能を実装するべきかといった判断もできるようになります。個別最適のシステムではなく、全体最適のシステムを作れるわけです。

もしかすると、「そんなものは存在しない」という情シスのほうが多いかもしれません。しかしながら、長期間にわたってシステムを活かしていく上では必要な設計です。システムグランドデザインを作るには、システムへの深い理解だけでなく、業務、さらには経営戦略にも深い理解が必要となります。本書ではこれ以上の説明はしませんが、必要性を感じたらシステムコンサルティング会社などに相談するのも良いかもしれません。

COLUMN

システム全体像を守っていくには？

　システム規模が小さいうちはあまり悩まないのですが、規模が大きくなるにつれ、システム全体像を守る難易度は加速度的に上がっていきます。システム全体の設計思想を明文化する必要がありますし、その周知徹底（啓蒙、教育、監視など）も必要です。

　筆者はこれまでいくつもの大規模システムに関わっていましたが、システムの機能をどこに実装すべきか悩むケースがよくありました。そうしたケースでは、システムデザインレビューといった会議体で有識者に判断してもらい、決定するという運用になっていました。システム構成の思想が崩れていくと無駄が多くなり、メンテナンスコストの肥大化や、改修時・トラブル時の影響調査漏れが発生しやすくなるなど、ジワジワと体力が奪われていきます。

て良いほど大きな課題や問題が発生します。この段階でどこまでしっかりと得ているかは、問題解決の成否に大きく影響します。

　社内承認を得る方法は組織によってさまざまですが、基本は「キーパーソンをおさえる」「正しい手続きを踏む」「メリット・デメリット・リスクをしっかりと伝え、認識を一致させる」ことが大切です。そして、この企画以降において誰に承認を得ていけば良いかも決めましょう。

◉ 要求を正しく汲み取ること

　サービス企画書は、神様のドキュメントではありません。システム構築に必要な「すべての要求」が正しく書かれていることなどあり得ません。

　たとえばサービス企画書に「オンラインで商品を購入したらポイントが付与され、次回購入時に利用できること」とあったとします。しかし、これだけでは「次回」が数分後なのか明日以降で良いのか判断がつきません。この要求内容によって、必要なシステム構成が変わる可能性があります[注2.6]。

注2.6　リアルタイムで反映する必要があるのか、夜間処理での反映でも良いのかなど、状況がまったく変わってきます。

機能要求はイメージしやすいでしょう。この機能がなければ成り立たない、ということが分かるためです。それに対して非機能要求は見落としがちです。実際に使われるシーンをイメージして、絶対に守らなければいけない要素を挙げていくことがポイントです。

最後にユーザ要求を一覧化し、関係者一同の認識を一致させましょう。要求を正しく汲み取れているかの確認もできますし、合意したという証跡にもなります。

◎ 無駄な機能は作らないこと

あれはできる、これもできる……できることは素晴らしいですが、複雑怪奇な形になって保守、運用で苦しむことにならないでしょうか。妙に凝った作りをすると、少しの修正でも多大な影響調査、テストが必要になってしまいます。つまり、運用コスト「大」なシステムができあがるわけです。

つまるところ、システムは効率化する手段です。費用対効果を検討し、できるだけ余計な機能は作らず、シンプルな作りとしましょう。システム化の範囲から外すことも、システム企画における大切な作業です。

◎ 実効性のあるメンバを確保して体制を構築すること

責任者を決めましょう、担当者を決めましょう、役割を明確化しましょう……それらはもちろん正しいのですが、実際は相当難しいことです。いくら担当者を決めたところで、スキルが不足していたら成り立ちません。スキルがあっても、やる気がなければ上手くいかないかもしれません。やる気があっても、他業務（業務部門からすると本業）が忙しすぎて手が回らないかもしれません。

逆に言えば、良い体制を作ることができればたいていは上手くいくものです。「人がすべて」、そのように考えても差し支えありません。

必要な人材が見えているようであれば、組織での活動ですので、やはり上層部に働きかけるのが一番です。PMからプロジェクトオーナに働きかけて、一本釣りするのも有効な方法です。

COLUMN

モチベーションをどうやって上げる？

いざ体制を組もうと思っても、やる気のある人ばかり集めるのは難しいでしょう。しかし、贅沢を言っていても仕方がありません。何とかするしかありません。残念ながら、企画内容、組織の仕組み、組織風土などの違いがあり、「ズバリこれ！」という処方箋はありません。そこでいくつかのヒントを紹介します。

・インセンティブを与える
　給料に色がつく、成功すれば昇進できる、などです。
・しっかりと時間を確保できるようにする
　活動に興味はあれど、本業で手が回らず、モチベーションを上げように余裕がないこともよくあります。そうした場合は、強制的に時間を確保することが有効です。たとえば、月曜日は当企画の仕事を割り当て、その分の業務は別の人が対応するといった調整を行います。上層部から明確に指示をしてもらうことがポイントです。
・コミュニケーションを強化する
　人間は、接触機会が増えると、それに関してより気になるようになるものです。単にタスクを依頼するのではなく、一緒に要求を整理する、意見を話し合うなど、詳細な内容に関わってもらうことで、自分ごととして活動するようになりモチベーションも上がることが多いです。

◉ システム企画の責任を取るのは情シスであると理解すること

このステップでは、コンサルに支援を依頼するケースもあるかと思います。もちろん悪いことではありませんが、メリット・デメリットをよく考えましょう。

メリットは、もちろん外部のプロの知識・ノウハウが得られることです。さらに、自社内の都合をあまり知らないがゆえに、本質的な答えにたどり着ける可能性が高まることや、あえて悪者になってもらえることなどが挙げられます。

デメリットは、極論すると無責任な青写真を描けてしまうことです。絵に描いた餅ができあがったとしても、最終的にコンサルは責任を取りません（取れません）。**システム企画の責任を取るのは情シス**です。**この先運用していくのも情シス**です。情シスとして、内容を理解して腹落ちすることは必須です。

いずれにせよ、コンサルまかせでは、真の意味で成功することは難しいでしょう。

2.3.3 特に重要な社外要因・社内要因

システム企画において特に注意しなければならない要因は、システム構成や見積もりに大きく影響するものです。

⊙（社外）災害・環境

昨今は、システムがただ動くだけでは許されない状況となっています。重要なシステムは、災害時でも稼働することが求められます。いわゆるBCP／DRと呼ばれる対応です[注2.7]。

言葉の使い分けが不明瞭なケースもありますが、対応範囲のイメージはBCP＞DRです。BCPは有事にシステムが使えなくても事業を継続するための計画を含み、DRは主にシステムの復旧を意味します。なお、ここで言う災害は地震などの天災だけでなく、大型障害（クラウドのサービスダウンなど）も含みます。

たとえば東日本に設置しているシステムと同じものを西日本にも置き、東日本側が障害になった時に西日本のシステムを稼働させてサービスを継続する、といった例が挙げられます。

これは、単純に2セット用意すれば良いという話ではありません。データの同期をどうするか、どのように切り替えるか、切り替え判断はどうするかなど、検討することは山積みです。切り替え訓練の実施も行わなければならないでしょう。

単純に考えればシステム費用（ハードウェア費用）は2倍になり、アプリケーションも複雑さを増します（もちろん、さまざまな工夫で効率化やコストカットを実現するわけですが）。

ここで重要なのは、BCP/DR対応をする必要がある場合、コスト（見積もり）に大きく影響するということです。簡単には追加できない規模のシステム対応が必要となるにも関わらず、要求から漏れがちな内容です。このタイミングでしっかりと確認しましょう。

注2.7　BCPはBusiness Continuity Plan（事業継続計画）、DRはDisaster Recovery（災害復旧）を意味します。

◉ (社 外) **技術動向**

　トレンドや新技術を確認・検証しておくことも大切です。今まで実現できなかったことが、安く、（導入が）早くできるようになっているかもしれません。「前回は○○のように構築したので、今回も同じ方法で構築」では、思考停止していると言わざるを得ません。

◉ (社 内) **IT資産**

　手持ちのIT資産によって、とれる戦略は大きく変わります。すでに良いものが手の内にあれば、優位に構築できるかもしれません。しかしながら、どのようなIT資産があるのかを知らなければ、そもそも検討することすらできません。最悪の場合、似たようなシステムを作ってしまうことになります。IT資産が一覧化されていることが理想ですが、そうではない状況も多いでしょう。そうした場合でも、関係者に確認するなど最善を尽くしましょう。

　また、今回の対応を経て今後のIT資産をどのようにしていくかも考えましょう。全体戦略なしにシステムを作り始めると、IT負債に陥る可能性が高まります。IT負債とは、ITが事業の足かせとなってしまうことを指します。IT負債は組織の足腰をジワジワと弱くしていきます。投資をしたのに弱くなるといった悲しい事態にならないように、しっかりと検討していきましょう。

◉ (社 内) **社内政治**

　どういった企画で進めていくか、最終的に決定するのは人間です。判断者の鶴の一声で、企画がひっくり返るということもあり得ます。実際問題として、関係者同士の好き嫌い（派閥）の関係で、採用・不採用が決まることすらあります（現場からすれば、くだらない話なのですが……）。純粋に企画として素晴らしいだけでは、前に進めない可能性があります。人間関係もよく確認しながら、まわりを味方につけて進めていきましょう。

2.3.4 (失敗事例) IT資産を有効活用できず、運用コストが倍以上に！

◉ **関連要因**

(社 内)IT資産

(社 内)社内政治

◉ 事件の概要

　顧客データの分析を実現するためにシステムを構築することになり、システム企画の段階で新規システムとして構築する形になりました。

　実は、社内に似たような機能を持つシステムがあり、そのIT資産を有効に活用すれば、構築費用・運用費用も相当抑えられました。しかしながら社内派閥の影響で、「今回企画した部署」と「すでに似た機能を保有・利用している部署」とは仲が悪く、お互いの状況を知りませんでした。なお、システムの存在を管理している情シスは分かっていました。

　こうした状況のまま、新規システムを構築し稼働させることになりました。機能的な要求は満たしているものの、企業全体として見ると運用効率が悪く、不要なコストを流出する状況となってしまいました。さらに後日談として、上層部に体制変更があったことで、同じような機能が2箇所に存在していることがついに発覚し、大問題へと発展しました。

◉ 問題点

・IT資産を上手く活用すれば効率良く実現できたにも関わらず、情シスが声を上げなかった
・システム企画書のレビューポイントとして、適切にIT資産が活用できているかを確認していなかった

◉ 改善策

　最終的に新規システムとして作るとなったとしても、しかるべき場所に状況を説明し、判断を仰ぐ必要があります。情シスの現場の人間が、このような大きな影響のある判断を許されているケースは少なく、責任者に判断してもらうべきでしょう。

　なお、コスト以外の観点でも判断すべき点はあるため、今回のケースが一概にNGというわけではありません。たとえば、それぞれの部署でシステムを所有していたほうが、自由にいろいろと試すことができ、本来の目的を達成できる可能性が高い場合もあります。共通したシステムを利用すると、片方が起こしたシステムトラブルで相手に迷惑をかけるケースも出てきます。

　そもそも、会社としてのシステムグランドデザインが必要です。システム全体の設計思想がないと、個別最適となる一方であり、全体最適の判断ができません。システムグランドデザインがないようでしたら、情シスとして作成すべきですし、

システムグランドデザインを守れる運用を作っていく必要があります。

COLUMN

システム企画に対する評価を忘れずに

システム企画の段階では、システムが完成して使われるのはずいぶん先の未来のように思えるかもしれません。しかし、システム企画に対する評価を実施するタイミングは、きちんと設定しましょう。

システム企画からシステムが生まれ、保守、運用され、最後は廃止となります。そのため、システム企画に対する評価はすぐにはできません。将来、評価するためには、ファクトを集めておく必要があります。保守、運用していく中で、どのようにして必要なファクトを集めていくかを設計しておきましょう。評価の積み重ねが、未来の企画における判断材料の一つとなっていきます。

たとえば、効率化を目指したシステムを新規で作るとしましょう。構築コストは安く上がったかもしれませんが、5年使った時に本当に効果が出たのでしょうか。この点を評価するには、少なくとも、運用に関してもコストを把握していく必要がありますよね。

筆者もシステム基盤更改の企画を実施したことがあります。現行システムでの利益をもって基盤更改にかけられる投資コストを判断しようと考えましたが、もはやコスト構造が複雑に絡み合っていて、相当難解な状況でした。なお、現行システムを作ったのは筆者自身ではありません。

第1章

第2章 企画

2.4 RFP

● 「RFP」ステップの概要

項　　目	内　　容
ステップ名	RFP
目　　的	要求仕様などをまとめた資料を作成して、システム構築発注先の候補業者（開発ベンダ）に具体的な提案を依頼する
インプット	サービス企画書、システム企画書
アウトプット	RFP、提案書評価方法

● 想定体制図

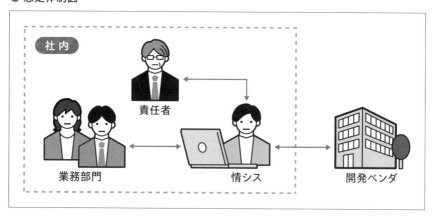

● 各担当者の活動タスク

担当者	活動タスク
情シス	・RFPの作成、評価方法の作成 ・開発ベンダへの提案依頼、問い合わせ回答 ・業務部門との連携　・責任者への報連相
業務部門	・RFP内容、評価方法の確認 ・情シスとの連携
責任者	・実施サポート ・最終的な判断
開発ベンダ	・RFPの受領、検討 ・RFP内容に対する問い合わせ

2.4.1 RFP作成の活動内容

RFPについては、皆さんも実務で耳にすることがあると思います。正式名称はRequest for Proposal、日本語では提案依頼書と言います。システム構築者（開発ベンダ）から良い提案をもらうための重要な情報伝達の手段であり、具体的な提案を開発ベンダからもらうために作成します。**RFPの出来こそが、システム開発プロジェクト全体の出来を左右する**といっても過言ではありません。

RFPを作成することにより、以下のメリットがあります。

1. 開発ベンダ側の提案内容のレベルが上がる

開発ベンダの対応内容への理解が深まることで、より妥当な提案をしてもらえる可能性が高まります。

2. 開発ベンダの評価がしやすくなる

「○○を作りたいのでご提案をお願いします」だと、各開発ベンダはバラバラの観点・フォーマットで提案してきます。RFPの形を作ることで、横並びで評価ができるようになり、納得のいく選定根拠とすることができます。

3. システム導入の目的や効果をあらためて整理でき、導入失敗を避けやすくなる

いくら関係者で認識を一致させたつもりでも、文書として残しておかなければ思い込みにすぎません。ましてや他社（開発ベンダ）であれば、暗黙の前提も期待できません。文書（RFP）に明記することで公式情報にすることができ、「なぜあの機能がないのだ」といった後々のもめ事を避けやすくなります。

| Plan | Do | Check | Action |

RFP、評価方法の作成、開発ベンダからの提案書評価、契約までの計画を立てましょう。本書では、「提案書評価・契約」を次のステップに分けていますが、このタイミングで契約完了までのスケジュールを立てておきます。そうでなければ、提案書受付期限やシステム開発プロジェクトの開始タイミングといった、この先の情報を開発ベンダに提供できなくなります。

RFP、評価方法を作成しましょう。そして、開発ベンダに提案依頼をしましょう。RFP提示後は、開発ベンダからの問い合わせにも対応していきます。RFPを受け取った各社は期日までに提案書を提出しますが、内容によっては提案を辞退するケースもあります。

⊙ RFPに盛り込むべき項目

RFPは今後のプロジェクトの出来を左右する資料です。ここで漏れがあると、それが後続に影響することも十分に考えられます。RFPに限った話ではありませんが、ゼロから作成するのではなく、既存のRFPがあればそれを雛型として活用しましょう。社内の承認を得やすいというメリットもあります。

ただし、雛型のまま利用してはいけません。必ず雛型の中身をチェックし、今回の対応に合わせて内容を変更しながら記載しましょう（**表2.4**）。

表2.4　RFP要素例

要　　素	内　　容
システム概要	構築したいシステムの背景、目的、方針や、解決したい課題、新システムの利用者などを記載する。
提案依頼事項	前提となる情報である「提案してほしいシステム範囲」や「提案条件（品質、性能、セキュリティ、運用、保守など）」を提示し、何を提案してほしいかを明記する。提案してほしい内容は「システム構成案」「利用サービスや開発言語」「各種提案条件を満たせる理由」「構築費用」など。
提案手続き	スケジュール、提出物、対応窓口連絡先など、提案手続きに必要な情報を記載する。
開発条件	開発スケジュール、作業場所、開発機の取り扱いなどを記載する。
契約事項	発注形態（請負契約など）、検収方法、支払い条件、保証期間、著作権の取り扱いなど、契約条件を記載する。
参考情報	システムを提案するにあたり、有意義な情報を提供する。「要求機能一覧」「データフロー」「ボリューム情報」など。

ITコーディネータ協会が提供している見本などもあります[注2.8]。活用してください。

注**2.8**　ITコーディネータ協会 RFP/SLA 見本
https://www.itc.or.jp/foritc/useful/rfpsla/rfpsla_doui.html

⊙ 提案書評価方法の作成

　RFPを提示する前に、提案された内容をどのように評価するかを決めておく必要があります。よくある評価方法は、評価項目とその比重を決めておき、合計点を算出します。(ある程度)機械的に優劣が評価できるようにしておきます。

　どのような評価項目が考えられるかを**表2.5**に提示します。これらの項目について5段階評価などを行い、比重を掛け合わせて合計点を算出します。

表 2.5　提案書評価項目 例

評価分類	項　　　目
提案範囲	・依頼した提案範囲を満たしているか
対応内容	・システム構築の目的を理解しているか ・なぜその提案内容としたかの理由が書かれており、妥当性があるか ・システム対応内容が具体的になっているか（採用する技術なども含む） ・非機能要求が考慮できているか（開発ベンダの力量が判断できる） ・活動タスクの認識が合っているか ・前提や制約がある場合、具体的に書かれているか ・課題やリスクが書かれているか ・課題やリスクがある場合、その対応策の提言があるか ・RFPにはなかったメリットの提言があるか
活動体制	・提案内容が満たせるような体制が組めているか（必要とされる有識者やスキルが確保できるか） ・システム開発スケジュールが満たせる体制が組めているか（人数など） ・自社とのコミュニケーション方法（会議体や頻度など）が妥当か ・過去の実績があるか、それはどのようなものか
提案金額	・予算内に収まるか ・提案内容から妥当と判断できる金額か
提案書提示タイミング	・提案書が指定の日時までに提示されたか
その他	・システム用語だけで書かれていないか。読み手目線で書かれているか（コミュニケーションレベルの判断） ・システム構築後も永くお付き合いできそうか

　最後に、RFPと提案書評価方法を関係者（業務部門を含む）にレビューし、社内承認を得ましょう。特に、外部に発注する（お金が絡む）ことですので、関係者が納得していない状態で先に進むと大問題に発展します。評価時は、**表2.6**のようなマトリクスにして比較すると分かりやすくなります。

表2.6　提案評価マトリクス

	提案範囲	対応内容					合計
	充足度	目的の理解	構成案の理由	具体性	非機能の考慮	…	
重み	4	10	5	5	7		
A社	5	3	4	5	1		102
B社	4	5	5	3	4		134
C社	5	2	1	4	3		86
…							

Plan	Do	Check	Action

Plan	Do	Check	Action

　Planで立てた計画の点検、そして必要な改善を行いましょう。特に、この後の「提案書評価・契約」に向けて、当初立てた計画（特にスケジュール）が成り立つのかは確認しましょう。振り返り方については、「8.6　各工程の「改善時」に検討すべきこと［Action］」も参考にしてください。

COLUMN

RFI って？

　RFPと似たような言葉に、RFIがあります。これはRequest For Informationの略で、開発ベンダに情報提供を依頼するためのドキュメントです。たとえば、IT技術動向、開発方法論、価格情報など、RFPを作成するために不十分な情報を集めるためにリクエストします。

　RFIは必須のものではありません。また、開発ベンダにとっても（基本的には）無償での情報提供となります（営業コスト扱いと考えることが多い）。そのため「ただ情報が欲しいだけで発注する気はない」依頼だと見られてしまうと、開発ベンダとの関係が悪化する可能性もあります。「なぜその情報を提供してほしいのか」などの説明を添えることが、良好な関係を築くポイントです。

2.4.2 RFP作成のポイント

　極論になりますが、RFPは設計書ではなく、コミュニケーションのための資料と考えても良いかもしれません。その観点で、作成するコツを紹介します。なお、提案書評価方法に関するポイントは「2.5.2　提案書評価・契約のポイント」を参照してください。

◉ RFPを作成する目的を理解すること

　一言で言えば、RFPとは発注者（情シス）から開発ベンダに対して「何をどうやって作ってほしいのか」を具体的に記載し説明責任を果たす資料です。システム構築者（開発ベンダ）はRFPに基づいて、「提案するシステム」「機能」「見積金額」を考えます。発注者が分かりやすく正確なRFPを作成できれば、発注者が期待する提案や納得感のある見積もり（見積書）を受け取ることができます。

　逆に、曖昧なRFPを提示してしまうと、曖昧な提案・見積書になってしまうということです。提案・見積もりを受けて社内で選定を行うわけですから、常に明確に記載することは意識しましょう。

　また、RFPを発行する開発ベンダの数も重要です。多すぎると判断がつかなくなりますし、少なすぎても提案が最適かどうかの判断ができません。

◉ システム構築者の役割、期待することを明示すること

　RFP作成で重要なポイントの一つに、発注者とシステム構築者の役割分担を明確にすることが挙げられます。役割分担が曖昧だと、「これは（相手方が）やってくれるはず」といったお互いの思い違いから、成果物やタスクのお見合いが発生して、後々トラブルになりやすい傾向があります。システム構築者側の役割の部分で、必ず提案してほしいこと、可能であれば提案してほしいことを明確に記載する必要があります。

◉ 現状（As Is）とあるべき姿（To Be）を伝えること

　RFPを受け取る開発ベンダは、現在の業務やシステムについて何も分かっていないケースがあります。したがって、まずは現在の業務やシステムの説明、それらの課題を明確に記載しましょう。それに加えて、自社が望んでいる「あるべき業務像とシステム像」についても記載します。具体的なシステム構成な

どは開発ベンダから提案を受けられますので、あるべき姿、希望を記載しましょ
う（例：365日24時間いつでもシステムリリースが可能となるようなシステム
構成にしてほしい）。

　このAs IsとTo Beを対比させて記載することで、分かりやすいRFPを作成す
ることができます。開発ベンダとしても妥当な提案をしやすくなり、質の向上
が期待できます。

◉ 要件ではなく要求を示すこと

　コラムでも書きましたが、要件とは「作らなければならないもの」であり、
要求とは「これが欲しいというもの（作るのはまだ必須ではない）」になります。
RFPを作成する段階では、自らの要求を我慢する必要はありません。また、迷っ
ている要求がある場合も、RFPで提示しましょう。RFPに記載することで、開
発ベンダから思いもよらなかった素晴らしい提案が得られるかもしれません。

　また、要求の実現必須度が分かるように、「必須」「条件による」などを明記
しましょう。

◉ 開発ベンダに敬意を払うこと

　アナログな話ですが重要なポイントであり、実態として認識しておくべきこ
とですので、ここでは誤解を恐れずに書きます。

　契約上（請負契約の場合）は本来あり得ない話ではありますが、システム開
発の現場では「ここだけは修正してほしい」「これは無しで良いからこちらの
機能を実装してほしい」といった事態がどうしても発生します。上流工程にお
いて、最終形の仕様を100％設計することは不可能です。

　このような微妙な内容を受け入れられるかどうか判断するのは、開発ベンダ
側の人間です。もちろん採算度外視で対応することはできませんが、**最後の最
後の判断は、人間関係がものを言うことが多い**です。たとえば、残念ながら開
発ベンダ選定から落選した相手に対しても、その理由などを伝えておくと今後
の良好な関係に繋がります。狭い業界ですから、悪評が立てば優秀な開発ベン
ダは近寄ってこなくなります。

◉ 提案受領用のフォーマットも提示すること

　評価方法を決めた上でのRFP提示となりますが、どのように提案してもら
うかのフォーマットも決めておきましょう。フリーフォーマットで各社から提

案を受領すると、横並びでの判断が難しく収拾がつかないという状況になりかねません。

2.4.3 特に重要な社外要因・社内要因

RFP を経て、もう一段具体的な予算、体制、スケジュールといったプロジェクト体制を組んでいくことになります。このタイミングで、当システム構築では「ない」影響もしっかりと確かめておく必要があります。

◉（社外）法律

制度改正など、特定のタイミングで絶対に対応しなければならない要件があります。たとえば、消費増税対応は分かりやすいかもしれません。対応しなければならないタイミングと、当システム開発のスケジュールの関連性は意識する必要があります。開発が同時並行するようであれば、開発ベンダも相応のスキルが必要ですし、一般的には管理やテストも増加するためコスト高になります。法律対応という必須の事象に対しては、有無を言わず影響を受けてしまうものであり、常に注視しましょう。

◉（社外）市場・競合動向

外部にシステム開発をお願いするわけですから、その時の市場環境にも左右されます。特に人手不足な状況であれば、単価は上昇しがちです。何事にも相場というものがあります。「過去と同じ規模のシステム開発だから、過去と同額で対応できるだろう」というのは発注者側の論理でしかありません。開発ベンダ側にも「提案しない自由」があります。

◉（社内）経営戦略

経営戦略はパートナー選定にも影響します。たとえばオフショア開発（国外での開発）を推進している中で、国内パートナーのみの体制を組むのは、相応の理由が必要になるでしょう。

◉（社内）他案件

他に稼働している案件、立ち上げようとしている案件も要チェックです。特に、当案件のスケジュールに影響する案件がないかはよく確認しましょう。

49

COLUMN

オフショア開発の特徴とは？

　オフショア開発とは、海外の企業に発注することを言います。メリットは、人件費が安い国では開発コストを抑えやすい、そのため多くのマンパワーによる開発がしやすい、優秀なエンジニアを採用しやすい、などです。

　しかしながら、もちろんデメリットもあります。まず意思疎通の問題。言葉の壁もありますし、文化の違いもあります。阿吽の呼吸では設計内容は伝わりません。場所によっては時差も問題となってきます。

　筆者もオフショア開発の経験があります。現地に行ってコミュニケーションを取る、OJTやOFFJTを通して育成していくなど、長期的な開発体制をしっかり作っていくには相当なコストが必要となります。さらに、海外との取り引きにおいては、輸出規制、セキュリティ、税金、為替など、多くの注意すべき点があります。詳しくは法律家に相談してください。

⊙ 社内 **社内政治**

　当システム構築に関係する部署（登場人物）が足りているのかどうかを確認する必要があります。直接的には関係なくとも、「あとでひっくり返されることがあり得る」「非協力的になる可能性がある」といった関係者がいるようなら、しっかりと巻き込んで活動しておくべきです。

　また、この時点で要求が抜け落ちていると、当然ながら提案にも含まれてきません。重要な要求が漏れていないか、関係者ともすり合わせましょう。

2.4.4 失敗事例 RFPのレビュー先部署の選定が十分でなく、重要な要求漏れから大問題に発展！

⊙ **関連要因**

　社内 社内政治

⊙ **事件の概要**

　顧客情報管理システムの大規模な改修案件が発生しました。RFPの承認フローを新規構築時と同様に進め、開発ベンダの選定まで完了したのですが、今回の大規模改修では新規構築時に関与していなかった部門の参画が必要であり、そ

の部門に対するRFPの説明がまるまる抜けていたのです（システム構築が進んでから発覚）。さらに悪いことに、その部門が必要とするシステム機能がなく、これがないと相当な業務負荷になることが判明しました。どうしても必要な機能であるため、（社内における）システム構築費の負担で大いに揉めることとなりました。

◉ 問題点

・思い込みにより、承認フローは前回のプロジェクトと同様でOKと考え、進めてしまった
・システムを利用するであろう現場を把握できていなかった

◉ 改善策

　RFPに限った話ではありませんが、作成したドキュメントの承認者は誰なのか、必ず確認しましょう。ドキュメント内容を考えれば、関係者が誰なのか（登場人物が誰なのか）が分かるはずです。どういった関係者に確認する必要があるのかを整理し、そしてそれを実施したことを踏まえて承認者に承認してもらう必要があります（逆に言えば、承認者が承認する時の確認観点でもありますね）。

　このような承認フローの確認は至るところで必要ですが、今後のシステム構築の成功可否を握っている開発ベンダ選定では特に重要なポイントです。

2.5 提案書評価・契約

● 「提案書評価・契約」ステップの概要

項　目	内　容
ステップ名	提案書評価・契約
目　的	RFPを提示し、提案された内容を評価して開発ベンダを選定。契約を行い、システム開発に着手できる状態にする
インプット	RFPに対する（開発ベンダからの）提案書、提案書評価方法
アウトプット	契約

● 想定体制図

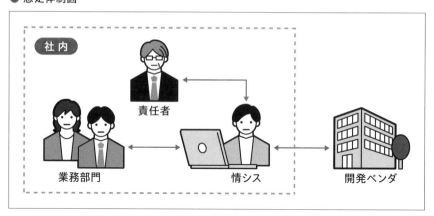

● 各担当者の活動タスク

担当者	活動タスク
情シス	・提案書評価 ・業務部門との連携 ・責任者への報連相 ・開発ベンダとの契約
業務部門	・提案書評価 ・情シスとの連携
責任者	・契約締結の承認
開発ベンダ	・契約

2.5.1 提案書評価・契約の活動内容

提示したRFPに基づき、各開発ベンダが提出してきた提案書の内容を「評価」し、依頼する開発ベンダを決定。そして「契約」することが、当ステップのゴールとなります。

「契約先は1社にしないといけない」といったルールはありません。システム開発成功のための体制を組むことが大切です。

| Plan | Do | Check | Action |

RFP作成の計画時に、契約までのスケジュールを決めていると思います。再度、現状との乖離を確認し、必要に応じてスケジュールを見直しましょう。

| Plan | Do | Check | Action |

前ステップで準備した提案書評価方法を利用し、契約する開発ベンダを選定しましょう。そして契約となりますが、契約の仕方は重要です。契約の仕方によって、活動しやすい、活動しにくいといった事態が発生します。無駄なオーバーヘッドが発生することもあります。また、何かあった時の最後の拠り所は契約です。問題発生時の一番大事な拠り所といっても過言ではないでしょう。

システム開発における契約は、大きくは「準委任契約」「請負契約」に分かれます注2.9。それぞれの特徴をしっかりと押さえた上で、適した形での契約を

注2.9　ここでは触れていませんが、派遣契約という形態もあります。準委任契約と派遣契約は、仕事を依頼する点は似ていますが、明確に異なります。準委任契約はあくまで委任する形となり、発注先（作業者）は自身で業務を管理します。かたや派遣契約は、発注元が指示命令者となり、業務の管理を行うことになります（作業者は派遣元からではなく、発注元から直接命令される形になります）。この指揮命令は非常に重要であり、対応を間違えると偽造請負と見なされ、刑事罰もある話です。契約は活動の根幹をなすものであり、不安な点は必ず法律家に相談してください。また、参考情報として以下を紹介しておきます。

・「労働者派遣事業と請負により行われる事業との区分に関する基準（37号告示）関係疑義応答集」（厚生労働省／2021年9月）
https://www.mhlw.go.jp/bunya/koyou/gigi_outou01.html
「アジャイル開発版「情報システム・モデル取引・契約書」～ユーザ/ベンダ間の緊密な共同によるシステム開発で、DXを推進～」内の講演資料「アジャイル開発の外部委託は偽装請負になるのか」（IPA／2021年11月8日）
https://www.ipa.go.jp/ikc/reports/20200331_1.html

行うことが、システム開発を成功に導く秘訣です。一般的な違いを、表2.7に簡単にまとめました（詳細に関しては法律家に相談してください）。

表 2.7　準委任契約と請負契約の違い（主なポイント）

分　類	準委任契約	請負契約
活動イメージ	仕事を依頼して実施してもらう	事前に合意した仕事内容を依頼し、完成したものを納品してもらう
完成責任の所在	発注元（情シス）	発注先（開発ベンダ）
報酬の対象	労働時間	成果物
瑕疵担保責任[注2.10]	なし	あり
特徴	活動中でも仕様変更が自由に可能。ただし、労働時間に対する報酬支払いであるため、無駄となった活動に対してもコストが発生。また、成果が出なくても発生する。	契約時点で仕様が確定している必要がある（もちろん、その前の見積もり時点で確定していないと、正しい見積もりができない）。成果物が確定している場合は効率の良い契約形態と言える。

　なお、すべての工程を一つの契約で締結する必要はまったくありません。お互いにリスクヘッジができる形を目指しましょう。

　ウォーターフォール型のシステム構築では、要件定義などの上流工程は準委任契約、開発部分は請負契約、最後のユーザ受け入れテストは準委任契約で実施することが多いです。この分類については、「3.1.1　鳥瞰図における位置付けと内容」にもまとめていますので、参考にしてください。

　アジャイル型のシステム構築は、準委任契約で実施するほうが親和性が高いと言われています。

　契約方法選択の考え方としては、仕様が固まっているかどうかが一つポイントとして挙げられます。仕様が固まっていない場合は準委任契約、仕様が固まっている場合は請負契約で実施すると、良い結果に結び付くことが多いです。

注2.10　瑕疵（かし）担保責任とは、成果物に欠陥があった場合、納品後でも発注先が完成責任を負うことを言います。システム開発であれば、仕様通りに稼働しないことが発覚した場合、その改修対応などをする責任があるということです。
　なお、2020年の民法改正において「瑕疵担保責任」という言葉は消えて「契約不適合」との表現に変わりました。それに伴い、責任期間など細かな点に変更が入っています。方向性としては、おおむね発注元（情シス）有利な内容となっています。
　もし、過去からの契約書をそのまま使い続けている場合は、一度点検してみることをお勧めします。有利な契約に変更できる可能性があります。

COLUMN

準委任契約の「準」って？

　準委任契約と聞き、「準」とは何だろうと考えた方がいるかもしれません。これは非常にシンプルです。法律に関する業務を委任する場合を委任契約と呼び、それ以外の業務についてはすべて準委任契約と呼びます。そのため、システム開発においては基本的に準委任契約となります。

COLUMN

開発ベンダが準委任契約でしか受けてくれない

　プログラム開発のように、仕様が確定して対応する工程にも関わらず、請負契約ではなく準委任契約でしか契約しようとしない開発ベンダがいます。実は準委任契約は、開発ベンダとしては「労働した分は対価がもらえる」「制作できなくても問題ない」という、ある意味安全な契約形態です（請負契約であれば可能な「上手く作り上げて大きな利益を得る」ということはできなくなりますが）。

　仕様が確定しているのに都度指示を出さないといけないのでは、発注元（情シス）としての旨味がありません。なぜ請負で対応できないのか、その理由を確認しましょう。「都度仕様変更をされてしまうので請負では対応できない」「請負にしても契約金額が増えるわけではない」など、開発ベンダ側の言い分もあるでしょう。しかしながら、成果物責任を回避しようとしている節があるのであれば、この先の付き合いをどうすべきか考える必要があるかもしれません。

| Plan | Do | Check | Action |

| Plan | Do | Check | Action |

　この先のシステム開発に向け、活動できる状態となったかどうかを確認しましょう。契約の仕方によっては、工程を区切って契約をすることもありますので、次の契約を漏らすことがないようプロジェクトスケジュールに組み込みま

しょう。その他、振り返り方については「8.6　各工程の「改善時」に検討すべきこと［Action］」も参考にしてください。

2.5.2 提案書評価・契約のポイント

システム開発を開始してからの活動をイメージしながら評価・契約をすることが、漏れを防ぐ最も良い方法かもしれません。

◉ 評価のための時間をしっかり確保すること

受領した提案書の数にもよりますが、評価には時間がかかります。提案内容について再確認をすることもあるでしょうし、社内での判断、承認にも時間を要します。評価、判断するための時間をしっかり確保しておきましょう。また、契約は先方における手続きの時間も必要です。契約が完了してようやく着手可能になりますので、そのリードタイムも考慮しておきましょう。

◉ コストだけで判断しないこと

単純にコストだけで判断する、というのは相当なリスクです。コストが安い理由について強く納得がいくのであれば問題ありません。たとえば、その会社が独自のフレームワーク（開発の仕組み）を持っており、それを使うことで開発量を極端に減らし、工数が削減できるなどです。同じ内容を開発する場合に、「値段が高くて品質が悪い」ことはあり得ますが、「値段が安くて品質が良い」ことはまずないと心得てください。コストが安い理由をしっかりと確認しましょう。単純に、作るべきものを正しく認識していないがために安いだけかもしれません。提案内容を横並びにして確認すると見えてくることもあります。

◉ しっかり裏取りをすること

開発ベンダが挙げてきたことを鵜呑みにしてはいけません。これは提案ですから、より良く見せようとするものです。実績を誇張していないか、自社業界の経験があるか、過去のプロジェクト対応はどうだったのかなど、確認できることは確認しましょう。

また、単発の提案書の内容のみで評価しないことも重要です。たとえば、社内の○○システムの知見を持っている、長く運用しているなどは評価軸の一つとして（良い意味でも悪い意味でも）考慮すべきことです。

◉ **選定する開発ベンダ同士の関係性を確認すること**

　複数の開発ベンダに依頼する時は、それぞれの相性も気にする必要があります。相性が悪いとコミュニケーションリスクが高くなり、成功が遠のきます。

　また、特殊な事情となり得るケースでないかにも留意してください。たとえば「とあるシステムを廃止して新しいシステムに乗せ換える」対応において、廃止元と新システム構築の開発ベンダが異なると、廃止側が非協力的になりがちなのは容易に想像できます。円滑に進められるように、契約方法や体制の組み方を考えていく必要があります。

◉ **契約するまで気を抜かないこと**

　提案そのものが良かったとしても、それはあくまでRFPの段階での話です。細かな契約条件で折り合わない可能性もあるので、契約が完了するまでは気を抜かずにいきましょう。特に「これだけは譲れない」という点はしっかりと契約書にまで落とす必要があります。問題が発生した時の損害賠償、著作権をどちらが持つかといった権利関係など、考慮不足で開発ベンダからの提案には出てこない可能性もあります（本来は、こうしたポイントはRFP提示時に書いてお

> COLUMN

システム構築した後の運用はどうするの？

　システムを作ることに夢中で、作った後のことまでなかなか考えられない……よく分かります。しかし、構築後の運用をどうするかについてもある程度イメージしておく必要があります。

　RFPの書面で「運用もお願いします」と断言するのはリスクが高いのでよくよく考える必要がありますが、開発ベンダ側も運用をどうするかは気になるものです。開発ベンダとやり取りする中で、運用に対する考えを聞いておくべきです。「運用が得られるのであれば」と、開発ベンダが値下げして勝負してくることもありますし、運用で苦しまないように運用面における設計についてより深い考慮が入ることも考えられます。ただし、不当な値引き要求を行うと「下請けいじめ」となり違法です。くれぐれもご注意ください。

　逆に、「運用は行いません」と開発ベンダ側が宣言しているのであれば、運用をどうしていくかを事業会社として考えておく必要があります。

くべき内容ではあります)。当然ですが、法務チェックは確実に実施しましょう。

最終的に、どのような形態で契約するのか(準委任、請負)、どの工程の区切りで契約するのか、今後の運用はどうするのかなどが合意できて、ようやく契約に至ります。システム構築そのものとは少し離れた対応ですが、とても重要なことです。

2.5.3 特に重要な社外要因・社内要因

システム構築の内容そのものももちろん大切ですが、それ以外の要因にも目を光らせておきましょう。思わぬところで影響を受ける可能性があります。

◉ (社外) 法律

契約する以上は、法律を知っておく必要があります。主に理解しておくべきものは民法です。

また、法律の改正にも目を光らせましょう。ここ最近の大きな動きでは、2020年4月に大型の民法改正がありました。開発ベンダの瑕疵担保[注2.11]責任の期間に変更があるなど、IT契約に関して大きな影響がありました。法律は、知っているか知らないかで大きく変わってしまうので要チェックです。

◉ (社外) 事件・裁判

いくら契約で自社有利な内容にしたとしても、裁判においてすべてが有効と認められるわけではありません。また、発生し得るすべてのパターンを網羅した契約書を作ることは困難でしょう。

システム開発における訴訟も増えています。これらの判例は一つの判断基準になりますし、判決文には「こうあるべき」という考えや発注者側の責任について語られていたりもしますので、非常に参考になります。そうした「契約のあるべき姿」「それぞれが実施すべき責任」から外れた活動をしていると、後で痛い目にあいます。注視して活かしていきましょう。

◉ (社外) 技術動向

RFPの内容によっては、どういった技術でシステム開発をしていくかの提案

注2.11 瑕疵担保という言葉は使わなくなっています。

がある場合もあります。提案のあった技術の今後の動向についてはよく検討しましょう。特にシステム開発後の保守、運用を意識しましょう。技術自体の優劣もありますが、メンテナンスをしていくエンジニアを確保できるのか、その単価はどのようになるのか、といった観点も必要です。

◉ 社内 経営戦略

　契約は、最終的には会社の意向に左右されます。提案書評価方法を事前に準備し、最高評価となった開発ベンダと契約しようとしても、くつがえることはあります。会社としても、「新しい開発ベンダとの付き合いを増やしていきたい」「この案件は絶対に失敗できないので、コストが高くても品質重視でいく」といった意向はあるでしょう。評価の実施とともに意向を確認しましょう。

◉ 社内 財務

　当然ながら、使える予算に限りはあります。開発ベンダからの提案内容がどれだけ良くても、予算を超えていたら発注することはできません。また、そもそも何にどれくらい費用を使えるかも考える必要があります。すべてを外注してしまって良いのか、非効率であっても内部の人材育成のために内部人員を厚くするのか……こうした点も踏まえて予算を決める必要があります。

◉ 社内 IT資産

　システム開発においては、自社で保有しているIT資産を有効に活用できるケースも多々あります。そのIT資産に対して、開発ベンダがどれくらいの知見を保有しているかは一つのポイントになるでしょう。また、そのIT資産に関係する開発ベンダと今回の開発ベンダが異なる場合に、上手く活用できるといった相性も気にする必要があります。

2.5.4 失敗事例 開発ベンダにプログラムを再利用、販売されてしまった！

◉ 関連要因

社外 法律

⊙ 事件の概要

　自社システムの構築をとある開発ベンダに発注し、無事に完成を迎えました。ところがそれからしばらく経ち、開発ベンダが別のシステムとして競合他社にも販売していたことが発覚。しかも、競合他社に販売したシステムのほうが機能も豊富で優位なシステムとなっており、自社商品の販売競争力の観点からも大問題に発展しました。当時の契約書を確認したところ、システムの著作権は開発ベンダ側にあると考えられ、法的には問題ないとのことでした。

⊙ 問題点

・契約書にプログラムの著作権帰属先を明記せず、契約を締結してしまった[注2.12]

⊙ 改善策

　契約時に著作権の帰属を明記します。もしくは、競合他社に販売するといった行為ができないような契約としましょう。ただし、開発ベンダ側からすれば、著作権がないと不都合があるのも事実です。お互いWin-Winとなるよう、折り合いがつくように交渉しましょう。

　一般的には、開発ベンダ側に著作権を放棄させるのであれば発注金額は高くなるものです。そのような交渉がない場合は、「システム開発が分かっていない」「そもそも著作権を守る気がない」開発ベンダという可能性もありますので、注意してください。

COLUMN

基本契約と個別契約

　システム開発の契約書ではよく使う手法に「基本契約」と「個別契約」があります。基本契約では、責任分担、開発成果物の権利の帰属、検収方法、契約不適合の期間といった基本的な事項を契約します。各個別契約は基本契約に紐付く契約となり、各個別案件の内容や金額を契約します。こうすることで、双方において契約の負荷を下げることができます。

注2.12　明記されていない場合、著作権はプログラム作成者＝開発ベンダが所有すると解釈
　　　　されるのが一般的です。

2.6 サービス評価

● 「サービス評価」ステップの概要

項　目	内　容
ステップ名	サービス評価
目　的	利用候補となるサービスを絞り込み、評価を行い、利用するサービスを決定する
インプット	サービス企画書、システム企画書
アウトプット	サービス評価

● 想定体制図

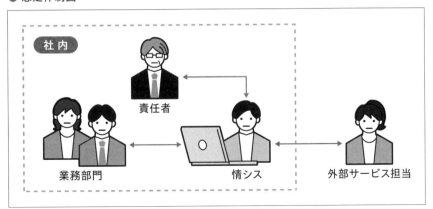

● 各担当者の活動タスク

担当者	活動タスク
情シス	・サービス評価の実施 ・業務部門との連携 ・責任者への報連相 ・外部サービス担当への問い合わせ
業務部門	・業務観点でのサービス利用確認 ・情シスとの連携
責任者	・実施サポート ・最終的な判断
外部サービス担当	・問い合わせ対応

2.6.1 サービス評価の活動内容

　自社に最も適したサービスを選択するために、サービスの調査・比較検討を行います。利用するサービスを決定するのがゴールです。導入する規模や範囲によりますが、**できれば実際にサービスを試して判断できるのがベスト**です。

　サービス評価を行うための活動計画を作成しましょう。以下の流れで進めるのが一般的です。

1. サービスを使える状態にする（場合によっては契約をする）
2. サービスを軽く使ってみる
3. サービスそのものの適合確認を行う
4. 現行業務と比較する
5. サービス以外に必要となる対応を整理する
6. どのサービスを利用するのかを決定する

　活動計画に沿って対応していきます。

1. サービスを使える状態にする

　まずは試してみる必要がありますので、外部サービスが提供しているトライアルなどを利用し、使える状態を作り出しましょう。

2. サービスを軽く使ってみる

　操作感や、重要な要求を満たせるかどうかを、実際に操作して確認します。この段階で上手くいかないようであれば、候補から外しましょう。該当サービスを使っている他社がいて、話を聞けるような関係であれば、実際の使い勝手といった評判を確認してみることも有効です。

3. サービスそのものの適合確認を行う

そもそも、自社の要件に適合していないとサービスそのものが使えません。サービス利用規約やSLA（コラム参照）などを確認し、問題となるような内容がないかを確認しましょう。自社のセキュリティポリシー上利用できないというのはよくある話です。

COLUMN

SLA（Service Level Agreement）とは

SLAとは、サービス提供側がサービス品質の保証レベルを提示したものです。性能保証（処理スピードや件数など）、稼働率、障害復旧時間、セキュリティ対策など、非機能要件を定めることが多いです。その保証レベルが満たせない場合やユーザに損害が発生した場合は、損害賠償（返金、減額）となることもあります。一般的には、SLAのレベルが高いと利用料金も高くなります（当然ですね）。

4. 現行業務と比較する

ここまで問題がなければ、業務で使えるのかどうかをもう一段細かく確認していきます。「FIT & GAP」と呼ばれる、整理して比較しやすい方法があるので紹介します。FIT & GAPでは、自社の業務を整理し、サービスがそのまま利用できるのか、業務を変更すれば使えるのか、何かしら別の対応をしないと使えないのか、といった形で整理します（**表2.8**）。こうした整理を行うことで、社内での説明もしやすく、納得のいくものとなります。

表2.8 **FIT & GAP の整理表**

業　　務	現　　行	新サービス	判　　断	対応方法（案）
○○一覧を作成する	△△画面にて「一覧」をクリックすると作成できる	該当機能なし	GAP	一覧表作成機能をカスタマイズ構築する
△△が発生した時に担当者に連絡する	担当者一覧から内線番号を調べて内線をかける	発生情報が表示されるページにある「連絡」ボタンをクリックすると担当者に直接通知される	FIT	不要（現行よりも便利になる）
…	…	…	…	…

5. サービス導入以外で必要となる対応を整理する

「FIT＆GAP」でカスタマイズが必要となると分かった場合、別システムや別サービスとの連携が必要など、システム開発範囲と対応概要を整理します。また、対応費用についても見積もります。

6. どのサービスを利用するのかを決定する

情報が出そろったら、候補サービス同士を比較しましょう。システム企画において、方針や費用、スケジュールなどが挙がっていますので、それらを評価軸に決定しましょう。

なお、カスタマイズといったシステム開発が必要になる対応については、この後は「第3章　システム開発」に続きます。選択したサービスを使うために行う対応については「第4章　サービス導入」に続きます。

Planで立てた計画の点検、そして必要な改善を行いましょう。サービス評価においても、重要な課題の取り扱いは要注意です。しっかりと次の工程に引き継いでいきましょう。振り返り方については、「8.6　各工程の「改善時」に検討すべきこと［Action］」も参考にしてください。

2.6.2 サービス評価のポイント

利用できるかを確認するためには、まずはサービスを正しく理解することが大切です。どういったポイントがあるかを見ていきましょう。

◉ サービスを理解すること

サービスの設計思想など、「そもそもこのサービスの目的は……」を理解しましょう。サービスは通常、機能追加やバージョンアップが実施されます。これは「そもそも」の方向性で進みます（進むはずです）ので、思想に合わない使い方を検討していた場合、それがリスクになるということを認識してください。

たとえば、シンプルさが売りのオンラインストレージサービスを使用すると

します。そのサービスに対して、さまざまな他システムとの複雑なデータ連携機能を求めるのは筋が違う可能性が高い、ということです。ただし、サービス提供者が迷走することもありますので、なかなか未来は予見できません。これはリスクの一つとして認識しておくしかありません。

サービスの理解には、資料請求、営業に問い合わせる、セミナーに参加する、などの方法が考えられます。

⊙ サービスに合わせることが前提だと認識すること

サービスを使うのですから、「合わない」業務はできるだけサービスに合わせてください。

もちろん、「これがなくては絶対に業務が成り立たない」ケースは発生します。しかし、カスタマイズをして実現したとしても、今後のリスクになり得ます。サービスのバージョンアップにより適合しなくなるかもしれませんし、バージョンアップの都度、カスタマイズ対応費用が発生してしまうかもしれません。これらの点も踏まえて、どう対応すべきかを検討しましょう。

⊙ 作るべきものを把握すること

どうしても必要なカスタマイズやデータ移行ツールが出てくる可能性はあります。この時点では詳細まで設計することは難しいですが、粗めの粒度で「どういったものが必要となるか」を整理しましょう。また、それをもとに必要なコスト（概算）も算出しましょう。

⊙ データ移行は大変だと認識すること

まったく新しい業務についてサービス利用を開始するのであれば関係ない話ですが、そうでない場合、既存業務で利用しているシステムからのデータ移行が発生します。

データ移行は、移行時にのみ発生する対応ではありますが、難易度は高めです。右から左にデータを移動すれば良いだけ、というケースは少ないでしょう。既存システムの「とある値」を、新サービスが持つ「とある値」に変換する、データの単位を変えるなど、さまざまな対応が発生する可能性があります。データ移行についても、この時点では粗めの粒度で「どんなものが必要となるか」を整理し、コスト（概算）を算出しましょう。「4.3.1　サービス導入設計の活動内容」も参考にしてください。

◉ **ノックアウトファクターになるGAPがないかを確認すること**

　いくら「このサービスを使う」と決めても、**どうしても業務が成り立たない部分がある場合は、利用をあきらめることも検討**しましょう。絶対に譲れない要求を捨ててまで対応するものではありません。ノックアウトファクターがあるのに突き進むと、リカバリ不能な状態になります。早めの決断が大切です。

2.6.3 特に重要な社外要因・社内要因

　サービスの未来や、そもそもサービスを使うべきなのか、といった広い目線で考えましょう。

◉ （社外）**市場・競合動向**

　常に新しいサービスが生まれてくるので、情報収集は怠らないようにしましょう。もちろん未来は読めません。しかしながら、そのサービスが「事実上の寡占状態」であれば、急にサービス料金が値上がりする可能性もあります。逆に競合が多すぎると、競争力の弱いサービスは終了してしまうリスクがあります。そのサービスがどのような状況なのか、きちんと把握しておきましょう。たとえば、類似サービスの有無や数、その業界における規模感、サービス提供企業の状態などが挙げられます。一度導入したサービスを別のサービスに切り換えるのは相当なコストがかかります。そうした時に納得のいく検討をしていたかどうかは重要なポイントにもなりますので、しっかりと対応していきましょう。

◉ （社外）**外部サービス**

　外部サービスを利用するのですから、当然その外部サービスに影響を受けます。特に気にしておくべきなのは、そのサービスの姿勢です。使い続けるにあたり、問題となりそうな事象を確認しましょう。

　たとえばカスタマイズの可否です。サービスによってはまったく認められない、コスト次第で対応可能、といった違いがあります。過去にあった機能の廃止有無、機能拡充のスピード、利用料金体系の変更有無、連絡体制なども確認しておいたほうが良いでしょう。

◉ 社内 IT資産

自社で持つIT資産との関係性も非常に大切です。

サービス導入に伴い、自社システムとの接続が必要になるかもしれません。たとえば、自社システムにデータを渡さないとデータの整合性がとれなくなる、といったケースはよくあります。これまでマスタデータを1箇所に置いて参照していたケースであれば、サービス側から直接マスタデータが参照できなくなるため、サービス側にもデータ登録をする必要がある……では、どうやってデータ内容の同期をするのか、といったような問題ですね。

また、既存システムをサービスに移行する場合、「既存システムの機能≠サービスの機能」である場合がほとんどです。サービスに足りない機能は「2.6　サービス評価」のFIT＆GAPで整理できていると思いますが、逆に、サービスのほうに機能が多く、それが別の自社システムにある機能に該当することもあるかもしれません（別のシステムも機能を移行するチャンスです！）。これらの取り扱いをしっかりと定め、無駄に重複することがないように設計していきましょう（図2.4）。

図2.4　サービスとIT資産の機能関係

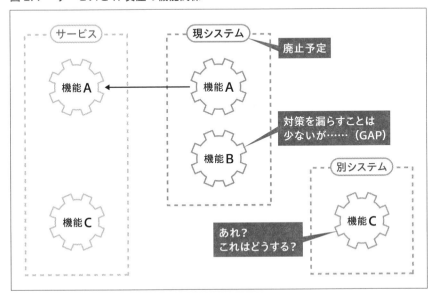

◉ 社内 社内ルール

サービスが社内ルールに適合しているかを確認しましょう。特に、セキュリ

ティまわりのルールには要注意です。基本的にサービスは、サービス事業者に
データ預けることになります。この点を乗り越えられないと、そもそもサービ
ス利用は難しいかもしれません。

2.6.4 失敗事例 既存システム置き換えでサービス利用を選択したが、作業量が多く業務が成り立たない！

◉ 関連要因

社内 IT資産

◉ 事件の概要

自社で構築していた会計システムをサービスに変更しました。サービスその
ものの処理は問題ないものの、別システムで発生する会計情報のデータを、そ
のサービスに入力する必要がありました。しかしながら、選択したサービスは
入力機能が弱く、手入力が大量に発生。作業ボリュームに耐えきれず、業務が
回らなくなってしまいました。

◉ 問題点

・非機能（ボリューム）の観点での見極めが甘かった
・既存システムが自動連動で成り立っていた点を見落としていた

◉ 改善策

既存システムのシステム的な接続を可視化し、機能、非機能要件を確認する
必要があります。これは机上だけでは見落としが発生しがちなので、実際にサー
ビスを使い、利用ユーザにも体感してもらってFIT＆GAPを整理するのが効果
的です。自社でシステムを構築するケースとは異なり、サービスは「使えるも
のがすでにある」というメリットがあります。このメリットをフルに活用しま
しょう。

2.7 この章のまとめ

　企画はすべての始まりです。形のないものを形にするという、難しくはありますが、やりがいもある対応かと思います。**ここでの出来は、システム開発、運用、そしてサービスそのものの出来に直結**します。一つ一つの判断が未来を作ります。丁寧に活動していきましょう。各ステップのポイントを**表2.9**にまとめます。

表2.9　各ステップのポイントまとめ

ステップ名	ポイント
サービス企画	・現実を見据えたシステム目線を持つこと ・「システムが分からない」前提でコミュニケーションをとること ・システム企画作成に向けた受け入れ準備をすること
システム企画	・ストーリーを意識した企画書にすること ・システムグランドデザインを考えて設計すること ・目的や方針の社内承認を得ること ・要求を正しく汲み取ること ・無駄な機能は作らないこと ・実効性のあるメンバを確保して体制を構築すること ・システム企画の責任を取るのは情シスであると理解すること
RFP	・RFPを作成する目的を理解すること ・システム構築者の役割、期待することを明示すること ・現状（As Is）とあるべき姿（To Be）を伝えること ・要件ではなく要求を示すこと ・開発ベンダに敬意を払うこと ・提案受領用のフォーマットも提示すること
提案書評価・契約	・評価のための時間をしっかりと確保すること ・コストだけで判断しないこと ・しっかり裏取りをすること ・選定する開発ベンダ同士の関係性を確認すること ・契約するまで気を抜かないこと
サービス評価	・サービスを理解すること ・サービスに合わせることが前提だと認識すること ・作るべきものを把握すること ・データ移行は大変だと認識すること ・ノックアウトファクターになるGAPがないかを確認すること

本書の「フェーズ」「ステップ」「要因」整理の苦労話

◆ フェーズとステップ

　本書では、「企画」「システム開発」「サービス導入」「保守」「運用」「廃止」「マネジメント」のフェーズ（章）で整理を行いましたが、この整理には相当な時間を要しました。と言うのも、大まかな流れに定石はあるものの、その進め方は業種や組織によってまちまちだからです。

　ここまでが「企画」、ここからは「システム開発」「サービス導入」といった明確な境目があるわけではありません。さらに、それぞれも完全に独立した対応ではありません。「外部サービスを使うけれども、システム開発も必要」といったケースは普通にあるでしょう。また、どの範囲を「プロジェクト」として活動するかについても、これといった正解はありません（管理しやすい単位でプロジェクトとするのが一般的です）。

　本書の想定読者である情シスという存在自体も、組織によって形はさまざまです。もちろん活動体制も異なります。外部の登場人物として「コンサル」「開発ベンダ」「外部サービス担当」を挙げましたが、顧客と直接相対する場合もあれば、親会社や監督官庁といった登場人物がいるケースもあるでしょう。

◆ 要因

　本書で挙げている要因については、筆者の活動経験からくる暗黙知です。まとまった情報はなかなか存在しないのではないかと思います。いかにして要因を洗い出し、さらにそれらを理解しやすいように集約できるか。かなり試行錯誤しましたが、良い整理に落ち着いたと感じています。

　そして、一番悩んだのは「どこまで伝えるべきか」です。細かなことまで書き始めると、それぞれのフェーズ（章）で軽く1冊の本が書けるくらいの内容になります。

　そうした状況の中で、いかにして情シスが「全体を俯瞰して把握する」ことができ「本質的な部分」を理解し、その知識を活用することを後押しできるか。執筆を進めながら、より良い形となるように何度も整理を重ねました。本書を現場で活用していただけるのであれば、幸せなことこの上ありません。

第 3 章

システム開発

3.1 「システム開発」とは

　システム開発とは皆さんがご存じの通り、設計者やプログラマーなどのシステムエンジニアが実際に動くシステムを開発するフェーズです。

　システム開発では、まずシステム化に必要な要件を整理します。業務部門と深く会話を行い、設計していきます。その後、要件をもとに実際の開発を行います。出だしの要件整理が間違っていたり、抜けや漏れがあったりすると、後続の工程が失敗してしまいます。誤り、抜け、漏れがないように入念に実施する必要があります。

　利用者が望むものを届けられるかどうかは、すべてこのフェーズにかかっています。システム開発フェーズは以下に記す通り、細かく工程が分かれています。このように分ける目的は、計画通りの期間・品質でプロジェクトを進めていくためです。

　なお、**工程の分け方や名称は、発注者側と開発ベンダ側で異なることも多い**です。さらに言えば、開発ベンダ毎に定義が異なります。まずはこの点をすり合わせることが重要です。

3.1.1 鳥瞰図における位置付けと内容

　鳥瞰図における本フェーズの位置と、その中のステップについて説明します（図3.1）。

　企画で決めたシステムを開発するためのフェーズです。新システムでの業務開始後は、保守フェーズ、運用フェーズに入っていきます。当フェーズ内のステップは図3.2の通りです。

　「プロジェクト計画」ではプロジェクト全体の計画を作成し、「要件定義」ではシステムに組み込む要件を決定します。システムの設計を行う「設計」は、画面等の目に見える部分の設計を行う「基本設計」と、システム内部の見えない部分の設計を行う「詳細設計」に分かれます。さらに、プログラムをコーディングしていく「開発」、開発したものをテストする「ベンダテスト」「ユーザ受け入れテスト」などさまざまな工程に細分化しています。

図 3.1 システム開発フェーズの位置付け

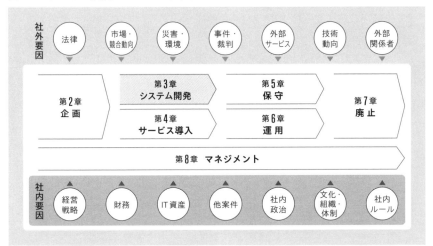

図 3.2 システム開発フェーズのステップ

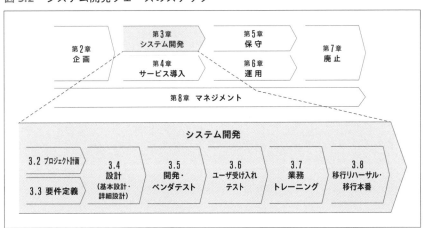

また、各フェーズの終わりにフェーズゲートと呼ぶ検証を設けることにより、次の工程にできるだけバグを持ち込まないように推進します。以降で各工程について解説しますが、各工程の作業主体を図示すると図3.3のようになります。

図 3.3　工程と会社別の作業主体

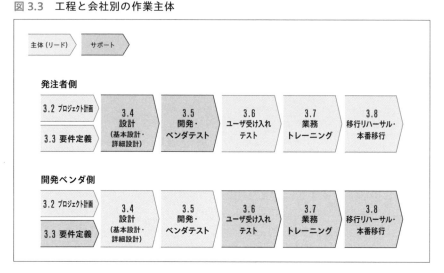

　最初のプロジェクト計画が両社主体となっている理由ですが、発注者側は自社全体のスコープをプロジェクトとして管理する必要があり、開発ベンダ側は自社の開発範囲やサービス提供範囲をスコープとして管理する必要があります。つまり**管理スコープが異なるため、そのマネジメントのために両社ともプロジェクト計画書が必要**なのです。また、開発ベンダのプロジェクト計画書は、開発ベンダにとっての狙いなども記載するものであり、発注者側にすべてを見せるものではありません（発注者側に言えないような人材育成やコストなどの社内秘を記載したりします）。

　以降、設計からベンダテストまでは主に契約形態としても請負で行うことが多いため、開発ベンダが主体的に進めていく必要があります。残りのユーザ受け入れテストから移行本番までは、発注者側がリードする必要があります。

◉ 本章の前提

　本書はウォーターフォールモデルを前提に記載しています。ウォーターフォールモデルとは、一つずつ工程を完了させ進めていくシステム開発モデルです。基本的に、現在実施している工程が完了しない限りは次の工程に進まないのが特徴です。また、工程の終わりにはフェーズゲートを設けて、その工程が完了していることを開発ベンダとともに確認することも多いです。

　本章の解説は、スクラッチ開発を前提としています。スクラッチ開発とは、

パッケージなどを利用せず、一からオリジナルのシステムを開発することです。「2.3.1　システム企画の活動内容」の「表2.3　スクラッチとサービス利用の主な違い」も参考にしてください。

　また本章においては、工程毎に表3.1の契約形態である前提で記載しています。契約形態の詳細については「2.5.1　提案書評価・契約の活動内容」を参照してください。

表 3.1　**本章において解説の前提とする契約形態**

工　　程	本章の契約形態
プロジェクト計画	準委任契約
要件定義	準委任契約
設計（基本設計・詳細設計）	請負契約
開発・ベンダテスト	請負契約
ユーザ受け入れテスト	準委任契約
業務トレーニング	準委任契約
移行リハーサル・移行本番	準委任契約

COLUMN

請負契約において、開発ベンダへの直接指示は違法

　請負契約においては、完成までの進め方・手順や作業方法などについて、発注者側は請け負った会社や個人に指示が出せないことが特徴です。つまり、成果物によってのみ仕事の完成が判断され、その途中の工程や作業については原則として関与できません。開発ベンダに対して「こう進めてほしい」などといった具体的な指示を出してしまうと、発注者が労働者を指揮命令して就労させていることになり、偽装請負となってしまいます（懲役もあり得ます）。

　しかし、関与はゼロにはできません。開発ベンダがどのような考えでどう進めようとしているのかをヒアリングし、誤った方向に進んでいるようであれば適宜相談にのり、助言をしていきましょう。最近は大型システム開発案件の訴訟もあり、判決文の内容は発注者側にとっても参考になることが多いです。なお、発注者が「偉い」といったことは決してありません。注意しましょう。

アジャイル開発って？

　よくウォーターフォールモデルと対比されるのが「アジャイル開発」です。アジャイルとは、素早い、俊敏といった意味があります。イテレーションと呼ばれる短い開発期間をたくさん回すことで、ユーザニーズを汲み取りながら開発することができます。ウォーターフォールとの違いとして、プロジェクトは変化するものだと捉え、その変化に対して生み出すプロダクトを最適化させることを重要だと考えます。なお、アジャイル開発は準委任契約で実施することが多いです。

◉ 3.2　プロジェクト計画

　プロジェクト計画書とは、その名の通り、プロジェクト全体の計画について記載したものです。プロジェクトの規模によって書かれる内容や量は異なりますが、大規模なものになると100ページを超える分量の計画書が必要となる場合もあります。そのため、作成するだけでも大変な手間や時間がかかる作業になります。大規模なプロジェクトでは、外部のコンサルティングファームに依頼し、作成支援をしてもらうことも多いです。

　事前に計画書を作って参画メンバと共有することは、その後の作業をスムーズに進めるために必要です。

　プロジェクト計画書は、発注者側と開発ベンダ側のそれぞれのプロジェクトマネージャ（以降、PM）やPMO（プロジェクトマネジメントオフィス：プロジェクトマネジメントを行う部隊）が作成する場合がほとんどです。初めから完璧な計画書が作れればそれに越したことはありませんが、作業を進めていくうちに、作業遅延や作業の組み直しによる変更を余儀なくされることもあります。そのため、一つのプロジェクトの間に何度か修正を加えていくことになるでしょう。

◉ 3.3　要件定義

　要件定義は、利用者がそのシステムを構築して具体的に何をしたいのか、なぜそのシステムが必要なのかを目的に基づいて分析し、その実現のために実装しなければならない機能や性能などを明確にする工程です。業務要求（利用者がしたいこと）をまとめる作業を要求定義、それをシステム要件（システム機

能として実装すること）にまとめていく作業を要件定義と分けることもありますが、両者をまとめて要件定義と呼ぶ場合もあります（本書では、「第2章システム企画」で要求定義を行っています）。

　要件は、可能な限り網羅的にヒアリングしないとドキュメントに反映されず、後続の工程で品質が悪いものができあがってしまいます。利用者への質問方法を検討することが非常に重要です。また、機能面の要求だけではなく、非機能（画面レスポンスなどの性能や同時アクセス数）なども後々の基盤サイジングに関わってくるため、本工程で実施します。

⊙ 3.4　設計（基本設計・詳細設計）

・基本設計

　要件定義が完了した後は基本設計工程に入ります。基本設計とは、ソフトウェアの目に見える部分である、見た目や操作感を決定する工程です。要件定義工程で作成した要件定義書をもとに、システム全体を機能単位に分割し、それぞれの機能がどういうものか、何が実施できるのかを決定していきます。もちろん、非機能要件の観点も満たせるようにデザインしていく必要があります。

・詳細設計

　基本設計の次に実施する工程が詳細設計です。目に見える部分を決定する基本設計に対し、主に目に見えないソフトウェアの内部構造を決定するために実施します。詳細設計においては、入力チェックのタイミング、トランザクションやテーブルへのアクセス、想定外の動作に対する処理などの実装方法を検討します。システムが要件通りに振る舞うようにするため、ビジネスルールを詳細設計に落とし込む必要があります。

⊙ 3.5　開発・ベンダテスト

　開発は、詳細設計書をもとに、システムエンジニアやプログラマがプログラミング言語で開発を行う工程です。この工程で、実際の動くものが作成されます。

　一方のベンダテストは、開発工程で作成されたプログラムの品質を確認する工程です。ベンダテスト工程の中では大きく「総合テスト」「結合テスト」「単体テスト」の三つのテストを実施します（**図3.4**）。これら三つのテストは、以下の各設計を確認する目的で実施します。

・要件定義　→　総合テストにて確認、検証。その後、発注者がユーザ受け入れテストを行い、要件通りできているかを最終確認

・基本設計　→　結合テストにて確認、検証

・詳細設計　→　単体テストにて確認、検証

図 3.4　総合テスト、結合テスト、単体テスト

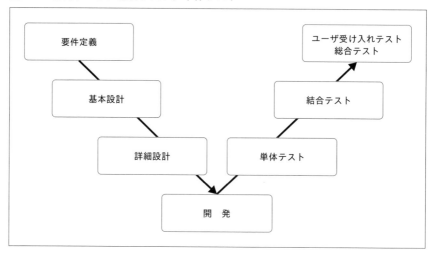

◉ 3.6　ユーザ受け入れテスト

　ユーザ受け入れテストとは、開発ベンダ側で構築したプログラムが要件通りに構築されているかを発注者側で最終確認する工程です。UAT（User Acceptance Test）と呼ばれることもあります。ベンダテストまでは、実際に手を動かすのは開発ベンダでした。しかし、この工程で実際に手を動かすのは発注者側です。一般的にはまず、情シスが先に確認を行い、問題がなければその後に業務部門が確認を行います。

◉ 3.7　業務トレーニング

　業務マニュアルを作成し、業務部門の利用者にトレーニングを行うのが本工程です。利用者が多い会社においては、パワーユーザ（システムの利用方法を熟知した先生）を増やし、そこから各実施担当者へトレーニング内容を広めてもらう方法が有効です。トレーニングを円滑に進めるために、システムの開発環境を開放し、実際に操作をさせながら対応します。

◉ 3.8　移行リハーサル・移行本番

　いきなり本番稼働を行うと上手くいかないことも多く、システム移行を滞りなく行うために移行リハーサルを数回行います。回数については、システムの規模や複雑さによって異なりますが、おおむね2回から3回程度はどのプロジェクトでも実施しているように思えます。

　移行リハーサルでは、「作業の流れや手順に問題はないか」「作業時間に問題はないか」「体制面に問題はないか」「コンティンジェンシープランに問題はないか」などが主な確認ポイントになります。各移行リハーサルが完了した後は、この観点での振り返りを行い、次の移行リハーサルに繋げます。

　移行本番はその名の通り、移行を実施し新システムへの切り替えを行うことを指します。1回ですべての移行を行うプロジェクトもありますが、リスクも大きいため、数回に分けて移行する場合も多々あります。

COLUMN

工程の名称は会社毎に違うので要注意

　下記に記すように、工程の名称は開発ベンダによって異なります。名称だけではなく、工程のスコープが異なる場合もあります。そのため、プロジェクト計画書を作成するタイミングでは、しっかりと工程名とその工程に何が含まれるのかを定義することが重要です。本書は、できるだけ一般的な工程名になるように表3.2の通りに定義しています。

表3.2　工程名の違い

本書での工程名	別　　　名
要件定義	要求定義、要求分析、概要設計、システム要件定義
基本設計	外部設計、機能設計、構造設計、システム方式設計
詳細設計	内部設計、プログラミング設計、ソフトウェア設計
開発	製造、プログラミング
単体テスト	Unit Test（UT）、モジュールテスト、ソフトウェアテスト
結合テスト	Integration Test（IT）、Joint Test（JT）、連結テスト、統合テスト
総合テスト	System Test（ST）、運用テスト

― 3.2 プロジェクト計画

●「プロジェクト計画」ステップの概要

項　目	内　容
ステップ名	プロジェクト計画
目　的	プロジェクトにおけるゴール達成までの道筋を明らかにする 活動方法を周知徹底することで、生産性の高い活動を実現する 問題発生時の判断基準を準備することで、円滑なプロジェクト実施を実現する
インプット	システム企画書、要件定義書　※並行して作成
アウトプット	プロジェクト計画書

● 想定体制図

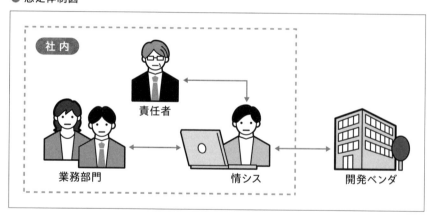

● 各担当者の活動タスク

担当者		活動タスク
発注者	業務部門	・プロジェクトの目的や方針の確認　・スケジュールの妥当性の確認 ・各工程の実施タスクの確認
	責任者	・プロジェクト計画書の承認
	情シス	・発注者側のプロジェクト設計書の作成　・業務部門との連携（計画レビュー） ・責任者への報連相　・開発ベンダとの連携（計画レビュー）
開発ベンダ		・開発ベンダ側のプロジェクト設計書の作成 ・情シスとの連携（計画レビュー）

3.2.1 プロジェクト計画の活動内容

プロジェクト計画書とは、プロジェクト進行において必要な管理情報をまとめた計画書です。詳細な内容を記載するというよりも、プロジェクトの進め方の全体感を定義する資料になります。**5W2Hの要素を取り込みながら作成することが重要**です。各工程の詳細な進め方については、工程毎に実行計画書を作成し、そこで計画を行います。

Plan ＞ Do ＞ Check ＞ Action

プロジェクト計画書の作成に取りかかる前に、下記のような点を計画しましょう。いきなり書き始めてしまうと手戻りが発生する可能性があります。いわゆる「計画の計画」のイメージです。

・計画書を作成するスケジュールを立てる
・計画書のひな型がないかを確認し、骨子を作成する
・過去に作成した計画書を参考資料として用意する
・計画書を誰と合意するのかを明らかにする

Plan ＞ Do ＞ Check ＞ Action

・プロジェクト計画書に記載する内容
　前述した通り、5W2Hを意識することが重要です（表3.3）。

表3.3　プロジェクト計画書における5W2H

要　素	概　要
Why	そもそもなぜこのプロジェクトを実施する必要があるのか
What	何を達成する予定で、そのために何を行い、何を作成するのか
When	いつから、いつまでの期間で実行しなくてはならないのか
Who	誰がそれを実行するのか
Where	どのシステム、どの場所でそれを実行するのか
How	どのような手段で上記を行うのか
How much	いくらでそれを実行するのか

　基本的に一つのシステムやパッケージを導入するだけであれば、開発ベンダ側が作成するケースがほとんどです。しかしながら、**複数のシステムに跨るような規模では、発注者側が意識しているスコープと開発ベンダ側が意識しているスコープがまったく違います。**こうしたケースでは、発注者側もプロジェクト計画書を作成し、自社のプロジェクト全体をきちんとマネジメントすることが重要です。

　多くのプロジェクト計画書は、PMBOK（Project Management Body of Knowledge）のフレームワークが土台となり、その会社の過去のプロジェクト経験に応じてカスタマイズしながら作成します。図3.5にプロジェクト計画作成の主な流れを、表3.4にプロジェクト計画書の構成例について記載します。特に進捗管理以降の部分については、PMBOKのフレームワークが土台となっています。

図3.5　プロジェクト計画作成の主な流れ（開発ベンダが作成することが多いが、規模によっては発注者も作成する場合あり）

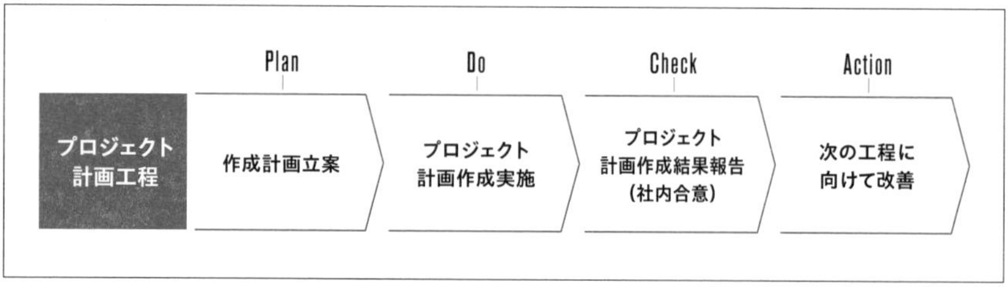

	Plan	Do	Check	Action
プロジェクト計画工程	作成計画立案	プロジェクト計画作成実施	プロジェクト計画作成結果報告（社内合意）	次の工程に向けて改善

表3.4　プロジェクト計画書の構成例

計画書項目	内　容
背景・目的	まず、なぜプロジェクトを開始するかという背景について記載します。次にプロジェクトの目的について記載します。必ずシステム企画書との整合性を確認しましょう。
プロジェクトスコープ	全体的なシステム概要図や機能概要図をもとに、どこまでが本プロジェクトのスコープなのかを指し示します。スコープとは、このプロジェクトで対応する範囲です。不明瞭な部分を残してはいけません。
プロジェクトの特徴	プロジェクトには「有期性」「独自性」という2つの特徴があり、特に独自性についてきちんと理解し、管理しているかがポイントです。有期性とは、プロジェクトをいつまでに終えるかという明確な完了期限になります。独自性とはプロジェクト独自の視点になります。たとえば税制対応などは、複数のシステムで対応が必要な点などが独自性になります。
プロジェクト方針	具体的にどのような方針でプロジェクトを推進するのかを記載します。たとえば、「段階稼働の方針とする」「〇〇機能は本プロジェクトと切り離し、〇〇側で対応する」といった大方針です。

マスタスケジュール	プロジェクト全体のスケジュールを記載します。あまり細かい部分まで記載せず、プロジェクトが俯瞰できるような粒度で記載するのがポイントです。
前提条件・制約条件	たとえば並行稼働案件があり、そちらの対応を前提としているのであればその旨を明記します。また、制約条件については、リリース日など、プロジェクトチームでは変更できないものを記載します。
プロジェクト成果物	プロジェクトの成果物を一覧にまとめます。具体的に誰が作成するかまで記載できると役割が明確になります。
体制図	予定メンバも含めた体制図を記載します。指揮命令系統とコミュニケーションパスをはっきりさせることが重要です。
進捗管理	スケジュールの遅れがないように、どのように管理するのかを記載します。たとえば、「WBSを作成して進捗を記載し、週に一度進捗定例で報告する」などです。
品質管理	後続の工程に各設計書のレビューやテスト工程がありますが、それに対し、バグ密度やテスト密度を定めてその内容通りに管理できるよう定義するのが品質管理です。
リスク管理	脅威（マイナスのリスク）と好機（プラスのリスク）をどのように管理するのかを具体的に記載します。リスク管理は形骸化しがちですが、プロジェクトマネジメントで最も重要と言っても過言ではありません。
課題管理	課題が発生した際に、具体的にどのように管理するのかを記載します。
変更管理	承認された成果物について、仕様変更があった場合、スケジュール・コスト・品質を鑑みた上で対応可否を決定する管理フローを記載します。
コミュニケーション管理	発注者側と開発ベンダ側で具体的に誰と誰が会話するのかを記載します。加えて、会議体などを設定する場合もここに記載します。
コスト管理	予算超過を防ぐためにコストの見える化を行い、適切に管理します。
ドキュメント管理	成果物などを具体的にどこで管理するのかを記載します。ファイルサーバのパスなども記載します。

Plan Do **Check** Action

Plan Do Check **Action**

　プロジェクト計画の作成完了時には、計画で立てた内容通りに目標が達成できているかを確認しましょう。達成できていない場合、未達の部分をいつまでにクリア可能かスケジュールを立てて対応しましょう。

　また、本工程の振り返りを実施し、続けるべきことや改善すべきことを明らかにします。詳細については「第8章　マネジメント」を参照してください。

3.2.2 プロジェクト計画書作成のポイント

まだ曖昧さが残る工程ですが、プロジェクト計画書は可能な限り具体的に内容を記載することが重要です。そうしないと、プロジェクトの関係者が同じ方向を向かない可能性があります。

◉ 工程定義を開発ベンダとすり合わせること

プロジェクト計画書は前述の通り、システム開発規模によっては、発注者側と開発ベンダ側でそれぞれ作成する必要があります。必ず、各工程の名称や含まれる作業範囲のすり合わせを実施しましょう。開発ベンダ毎に工程定義の名称や作業範囲が異なるため、すり合わせを実施しないと現場のメンバが混乱し、タスクの抜け、漏れが生じる可能性があります。

◉ 過去プロジェクトや会社標準のフォーマットを利用すること

プロジェクト計画書の最初のポイントはフォーマットを決定することです。その理由は大きく以下です。

1. 作成する時間の短縮のため
2. 記載すべき内容に抜け、漏れが発生しにくくなるため

上記のような利点があるため、過去のプロジェクトで利用したフォーマットを流用したり、会社で決められているフォーマットを使用したりするべきです。独自に作成すると、記載内容の抜けや漏れに繋がります。

◉ 具体的かつ定量的、さらに実現可能な内容で記載すること

たとえば品質管理であれば、具体的なバグ密度やレビュー密度といった数値目標があったほうが、認識の相違なく進めることができます。定性的な文章だとどうしても認識の相違が生じる可能性があるため、可能な限り具体的かつ定量的に記載しましょう。

また、品質の数値目標については、あまりに現実と乖離した内容を記載してしまうと達成が困難になります。したがって、実現可能であることも重要です。このような目標設定の際には、Appendixで紹介するSMARTフレームワークを利用して検証することもお勧めです。

COLUMN

バグ0件はおかしい？

　完璧なコーディングをして、バグは0件を目指す……いえいえ、お待ちください。人間がコーディングする以上、必ずバグは発生しますし、そもそも設計上のバグがあるかもしれません。

　開発実績を蓄積していくと、開発規模に対しておおよそのバグ発生件数の傾向が見えてきます。それらをプログラム品質が確保できる基準として、今回の開発における事象（ロジックの難易度が高い、など）を加味して目標を定めましょう。そして、その目標に対して多かったのか少なかったのか、結果の妥当性を考えましょう。バグ0件はテスト不足なのではないか……そのように疑ってください。

　なお、あくまで目標は「期待する品質に達していることを確認する」ことです。目標としたバグ件数を検出しなければ次の工程に進めない、というわけではありませんのでご注意ください。

◉ スコープとスケジュールを明確に記載すること

　発注者側のプロジェクト計画で最も重要なのが、どの関連システムにどのような影響があるのかというスコープです。しっかり調査した上で記載しなければ、関連システム側の改修が間に合わない可能性があります。

　また、スケジュールも非常に重要です。関連システム側が改修した後、いつから合流してテストをするのかも明確にしましょう。

◉ スケジュールが破綻していないか、発注者側はチェックすること

　開発ベンダが作成したプロジェクト計画書を発注者側がレビューすることも多いと思います。その際、特にチェックしたほうが良いポイントがスケジュールです。どのくらいの工数がかかるのか、その妥当性をどうやって確認したのかをレビューし、無理のないスケジュールになっているかをチェックします。

　スケジュールは願望で書かれることも多いです。ありがちなのが、期日が決まっており、そこから逆算して線を引いただけというものです。そのスケジュールを実現するための施策（体制を厚くとる、並行できる工程を並行して稼働させる、など）があれば良いのですが、そうでないこともあります。どのような情報や根拠をもとに記載しているのかを確認しましょう。

◎ リスクを把握すること

プロジェクト計画で大切なことはリスクの把握です。プロジェクトを進めると新たな課題がどんどん発生します。その際に、何か発生することを想定して進めるのと、まったくの無策で進めるのとでは、インパクトが大きく変わってきます。過去の類似案件における課題はどのようなものか、今回の体制から想像されるリスクには何があるか、プロジェクトの前提や制約となる事柄から起こり得る問題は何か。リスクの発生確率（高、低）や、発生時のインパクトを考え、影響が大きなものは対策を検討しておきましょう。

もちろん、次に述べる「特に重要な社外要因・社内要因」もリスクの一つですので留意してください。具体的なリスクの管理方法については、「8.4　各工程の「実行時」に確認すべきこと［Do］」に記載していますので、そちらを参照してください。

COLUMN

新システムのネーミングには要注意

プロジェクト開始当初であれば、「新システム」「次期システム」「次世代システム」などの名称でもかまいませんが、どこかでシステムに正しい名前を付ける必要があります。リリース後も「新〇〇システム」のままでは、そのシステムが古くなってきた時に、「新〇〇システム廃止対応」のようなおかしなプロジェクト名になってしまいます。早めに正式名称を付けないと、各種設計書にも仮の名前が残ってしまい、後からの修正が困難になります。また、システム名は開発者にとっても愛着がわくものとなりますので、ぜひ良い名前を付けましょう。

3.2.3 特に重要な社外要因・社内要因

プロジェクト計画については、自分のプロジェクトだけではなく他の案件や社外での事件など、視野を広くすることが重要です。そうでないと、思わぬところで問題が顕在化してしまう懸念があります。

◎ 社外 災害・環境

ほぼ不可抗力に近いものがありますが、活動環境に対する考慮はしておくべ

きです。たとえば、今イメージしやすいのはコロナ禍における体制の組み方でしょう。リモートワークを行うのか、それにより生産性が上がるのか下がるのか、そうした環境を整えるためのコストはかかるのか、緊急事態宣言が出たらどうするのか。その他にも、開発ベンダとの勤務拠点の距離や、オフショア開発を行うのであれば時差も影響してきます。自分のプロジェクトでの活動を細かく想像し、リスクが感じられるものを把握しましょう。

⊙ 社外 事件・裁判

世間で発生した事件や大規模障害が自分のプロジェクトにも影響を及ぼす可能性があります。たとえば、大規模なシステム障害が報道された場合に、現在開発中のシステムで問題が発生しないか点検が必要になる、というのはよくあるケースです。また、過去に起きたIT事件やIT裁判の動向についても押さえておく必要があります。これらはリスクですから、プロジェクト計画ではリスクマネジメントで管理することが望ましいです。

⊙ 社内 他案件

社内で、現在開発中のシステムに関連するプロジェクトが進行している場合があります。お互いがお互いのプロジェクトを前提にしている可能性があるので、他案件を定期的に確認しながら進めることが重要です。有効な方法として、定例会を行いPM同士がそこで情報交換を行うといったやり方があります。プロジェクト計画の「コミュニケーション管理」として明確に定義しましょう。

⊙ 社内 社内ルール

社内で実施するプロジェクトである以上、社内ルールに則る必要があります。たとえば、「開発規模が〇〇万円以上の案件は、社内審議が必要」「予算を10%超過する見込みがあれば、役員会での報告が必要」「開発品質の目標に対して2倍のバグが抽出された場合は、品質確認委員会と協働して対応を開始する」といったルールがあるかもしれません。プロジェクト運営に関する社内ルールを確認しましょう。

3.2.4 失敗事例 リリースタイミングを細分化しすぎた結果、コスト増、品質も低下！

◎ 関連要因

社内 他案件

◎ 事件の概要

リリーストラブルをなるべく減らしたいという思いから、競合他社や他案件での段階稼働の事例を参考にして、プロジェクト計画書作成時点からリリースタイミングを細分化して計画しました。しかしその結果、さまざまなリリース断面でのテストが必要になってしまいました。加えて、各リリースのためのモジュール管理やジョブ定義の管理などのバージョン管理工数が余計にかかってしまい、当初予定していたプロジェクト期間の延伸と、それに伴うコストの増大を招いてしまいました。

また、モジュールやジョブのデグレードトラブルも発生したため、リリーストラブルを減らしたい目的すら脅かす結果となってしまいました。

◎ 問題点

・リリースタイミングを細分化したことによる影響やタスクの洗い出し、リスク評価を適切に実施しなかった
・細分化した場合、そのリリースタイミングごとのテストが必要になるため、テスト期間や工数は一般的に増える傾向にあるが、その点を考慮していなかった

◎ 改善策

たしかに、リリースタイミングを分割し、小さくリリースしたほうがクリティカルなトラブルは少ないことが多いです。しかし、コストと期間は品質とトレードオフの関係にあります。このように、品質面にも影響が出てしまうようでは、当初やりたかったことを満たせません。リリースを細分化したことによる影響やタスクの洗い出しを徹底し、関連チームへのヒアリング、リスク評価を実施することが重要です。

3.3 要件定義

● 「要件定義」ステップの概要

項　目	内　容
ステップ名	要件定義
目　的	業務部門やエンドユーザ（利用者）がシステムに求めるものや、システムに期待される役割を明確にする工程
インプット	システム企画書
アウトプット	要件定義書

● 想定体制図

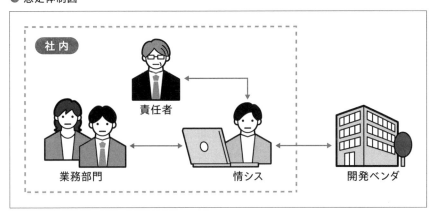

● 各担当者の活動タスク

担当者		活動タスク
発注者	業務部門	・現行業務フロー、現行業務ルールの整理 ・次期業務フロー、次期業務ルールの整理 ・次期のシステム要件の洗い出し
	責任者	・要件定義書の承認
	情シス	・要件定義実行計画書の作成　・要件定義書の作成（システム要件のまとめ） ・業務部門との連携　・責任者への報連相 ・開発ベンダとの連携（要件定義書の展開）
開発ベンダ		・要件定義書の内容の確認 ・（契約状況に応じて）要件定義書作成のサポート

3.3.1 要件定義の活動内容

　利用者（業務部門など）には実現したいことがありますが、システムのことはよく分からないため、上手く文章化できません。利用者が実現したいことを文章化する工程が要件定義です（図3.6）。作成する成果物は要件定義書です。

図 3.6　要件定義工程の主な流れ（発注者側主体で進める）

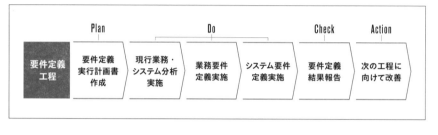

・要件定義実行計画書作成

　要件定義を実際に開始する前に、まずは実施すべきことを計画に落とし込みましょう。表3.5のような構成で要件定義実行計画書を作成し、各関係者と合意します。

表 3.5　要件定義実行計画書の構成例

実行計画書項目	内　　容
背景・目的	プロジェクト計画書から転記します。
プロジェクトスコープ	プロジェクト計画書から転記します。
プロジェクトの特徴	プロジェクト計画書から転記します。
プロジェクト方針	プロジェクト計画書から転記します。
マスタスケジュール	プロジェクト計画書から転記します。
要件定義工程における前提条件・制約条件	要件定義工程において、何か前提や制約となることがあれば記載します。たとえば、「〇〇部署は9月まで業務が繁忙期であるため、要件定義は10月から参画となる」などです。
要件定義工程のゴール	要件定義工程がどうすれば終わるのかゴールを書きます。

要件定義基本方針	要件定義工程が発散しないように基本方針を設定します。たとえば、パッケージを導入する場合であれば、ノンカスタマイズで対応するなどです。
要件定義工程成果物	要件定義工程の成果物を成果物一覧としてまとめます。具体的に誰が作成するかまで記載できると役割が明確になります。
要件定義工程スケジュール	要件定義工程に特化したスケジュールを作成します。
要件定義工程のタスクと進め方	上記のスケジュールに合わせたタスクと、その進め方について記載します。
体制図	要件定義工程の体制図を記載します。ポイントは指揮命令系統とコミュニケーションパスをはっきりさせることです。
課題管理	課題が発生した際に、具体的にどのように管理するのかを記載します。
進捗管理	要件定義工程の進捗をどうやって計測するかを記載します。
品質管理	要件定義工程の品質をどのように担保していくのかを記載します。たとえば、要件定義時点で総合テストのテストケースを作成することにより、曖昧な要件になっていないかを確認できます。
会議体	会議体などを設定する場合、ここに記載します。
ドキュメント管理	成果物などを具体的にどこで管理するのか記載します。ファイルサーバのパスなども記載します。

Plan　　Do　　Check　　Action

　要件定義書を作成します。本工程においては、「1. 現行業務・システム分析」「2. 業務要件定義」「3. システム要件定義」の大きく三つを実施する必要があります。

1. 現行業務・システム分析

　実際の要件定義に入る前に、現行業務や現行システム機能を整理し、どこに課題があるかを分析します。端的に言うと、現行業務やシステムの棚卸し活動です。現行の業務フローをきちんとまとめ、細かい業務ルールなどがあれば書き出しておきます。現行業務分析は必ず実施し、実施後は関係者の合意を取りましょう。皆が納得した成果物になっていることが重要です。それをまとめた上で、成果物として現行業務フロー図を作成し、次期システムにおいてシステム化をしたほうが良い箇所（今回のシステム化のポイント）にあたりをつけます（図3.7）。

図 3.7　現行業務フロー図

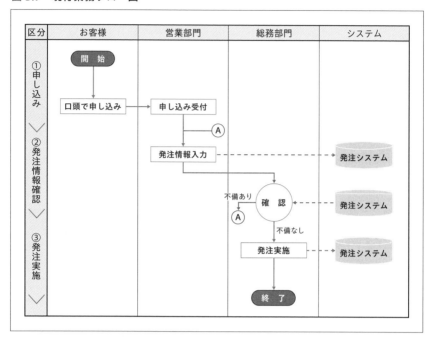

2. 業務要件定義

　システム化すべき業務を洗い出し、内容を分析し、次期業務フローのあるべき姿を明確にするのが業務要件定義です。要件定義の最も初期段階に実施する工程であり、システム化に先立って業務がどのようにあるべきかを分析します。

　この段階では、システム化する部分についてもあたりをつけながら、業務の詳細な手順や担当者、扱う情報とその流れなどを決めていきます。後述する業務フロー図やビジネスルール一覧は、発注者側にしか分からない情報ですから、発注者側が主体的に作成する必要があります（もちろん、開発ベンダに作成支援依頼をする場合もあります）。

　業務要件定義での成果物の一つが、次期業務フロー図です（図3.8）。現行業務フロー図の内容をもとに作成します。現行業務フローと同じフォーマットで作成し、変更箇所があれば色分けするなどして一目で分かるようにします。

　また、業務フロー図では表現できないビジネスルールがある場合は、**表3.6**のように一覧にまとめ、業務フロー図と紐付けておきます。基本的には、現行業務フローをまとめる際に仮案を作成し、仮案に対して次期業務で必要なルー

図 3.8　次期業務フロー図

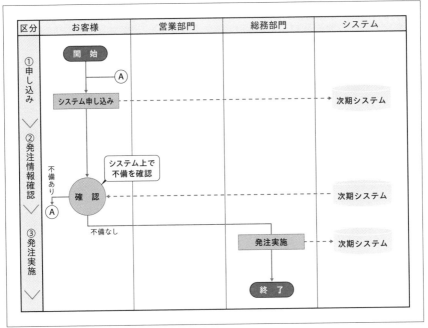

ルをつけ足していくイメージです。

表 3.6　ビジネスルール一覧（複雑な場合はビジネスルール定義書を作成）

ルール	ルール名	内　容	関連ルール
A01	最低数量のチェック	発注可能な最低数量を満たしているかをチェックする。「商品A：50個」「商品B：100個」「商品C：1100個」	A04
A02	発送先のチェック	実在する発送先かどうかを確認する。	B01
A03	会員ランクチェック	会員ランクをチェックし、優良会員であれば20%オフとする。「優良会員：年間10万円以上購入」「通常会員：上記以外」	－
A04	キャンペーンチェック	実施中のキャンペーンがあるかを確認する。あれば、それに応じた値引きを実施する。	－

3. システム要件定義

　業務要件定義の中でシステム化の範囲が明確になった後、業務要件を満たす機能要件、非機能要件が何かを定義するのがシステム要件定義です。

システム要件定義は大きく「機能要件」と「非機能要件」の2つに分類することができます。業務要件定義書の内容を確認し、主に開発ベンダが、次期システムで必要な機能は何かを制定します。この部分は開発ベンダが支援して作成することも多いです。

この工程は、本を1冊書けるくらい内容が濃い話なので、本書では機能要件と非機能要件の概要だけ記載しておきます。

機能要件とは、業務部門が構築するシステムに求める機能のことです。大きく、「画面」「帳票」「バッチ」「IF」に分類することができます（表3.7）。

表 3.7　主な機能要件

要　　件	概　　要
画面	顧客の属性情報や、商品出荷実績を検索できる画面が必要
帳票	得意先に対して、請求書を自動発行する
バッチ	口座情報を1日1回最新化する
IF	口座管理システムの情報を1日1回取得する

一方、非機能要件とは、業務部門が機能面以外でシステムに求める要件のことを指します。具体的には、システム性能や稼働率、セキュリティ、運用保守性、拡張性、ユーザビリティなどを指します。非機能要件は業務部門は意識していない場合が多く、定義の難易度は高くなります。情シスが積極的に要件を定めていく必要があり、大きく**表3.8**について検討が必要です。

表 3.8　主な非機能要件注 3.1

要　　件	概　　要
可用性	障害や災害時における稼働目標
性能・拡張性	画面レスポンス、キャパシティ、システム増強
運用・保守性	稼働時間、システム監視、計画停止
移行性	移行方法、移行データ、移行スケジュール
セキュリティ	認証機能、機能制限、データ暗号化
システム環境・エコロジー	法令や条例、制約条件、利用人数

注 3.1　（出典）「非機能要求グレード 2018」（IPA）
　　　　https://www.ipa.go.jp/sec/reports/20180425.html

| Plan | Do | Check | Action |

| Plan | Do | Check | Action |

　要件定義の完了時には、要件定義実行計画書で立てた内容通りに目標が達成できているかを確認しましょう。達成できていない場合、未達の部分をいつまでに達成できるのか、スケジュールを立てて対応しましょう。

　また、本工程の振り返りを実施し、続けるべきことや改善すべきことを明らかにします。詳細については、「第8章　マネジメント」を参照してください。

3.3.2 要件定義作成時・レビュー時のポイント

　要件定義は、いかに業務部門の要求を可視化できるかが重要です。**目的が一体何かを見極め、適切な手段を提示**しましょう。手段に固執すると、本来やりたかった目的とずれてしまう可能性もあるので注意が必要です。

⊙ 要件の採用可否を決定する基本方針を制定すること

　業務部門は無邪気に要求を挙げてくるケースが多く[注3.2]、システム化すべき要件が必要以上に膨らむことがあります。たとえば、現状と同じように業務を回したいため、必要がどうか分からない現行機能まで要求してくる、などです。その結果、要件定義工程がなかなか収束せず、期間内に構築しきれなくなってしまう可能性があります。

　こうした事態を避けるため、要件の採用可否を決定する基本方針を制定する必要があります。たとえば「利用頻度と費用対効果を確認し、構築する必要がないと判断した場合は構築しない」などです。

⊙ 業務部門の要求を鵜呑みにしないこと

　業務部門の言葉を鵜呑みにするのではなく、その業務そのものがなぜ必要なのか、現行システムでの機能の利用頻度をきちんと押さえることが重要です。

　そもそもの目的を見失い、今までの名残でなぜか残っている業務もあります。

注3.2　このこと自体に問題があるわけではありません。

対応しなくても良い業務であれば、業務ごと廃止にできないかを検討しましょう。システム化のスコープを減らすことができます。また、滅多に使わないようなものであれば、システムとしては不要な可能性もあります。

⊙ 曖昧さを排除し、具体的かつ実現可能な要件にすること

要件定義では、曖昧さを排除することが重要です。曖昧さが残ったままだと、後続工程で開発や測定ができません。以下のようにできるだけ具体的にしましょう。

・悪い例）画面レスポンスは極力早くすること
・良い例）平均トランザクション量が3件/秒（通常時）の画面レスポンスは3秒以内とすること。また、平均トランザクション量が10件/秒（高負荷時）の画面レスポンスは6秒以内とすること

具体的かつ実現可能な要件になっているかどうかは、必要に応じて以下の2つを実施すると良いでしょう。

1. SMARTフレームワークを利用する

要件定義工程でも用いたSMARTフレームワークに照らし合わせ、曖昧さがないかを確認しましょう（巻末のAppendixを参照）。

2. 総合テスト（ST）ケースを作成する

要件に曖昧さが残ったままだと、総合テストケースを作成することができません。ウォーターフォールモデルはV字モデルとも呼ばれますが、このように要件や設計が完了した時点でテストケースを作成して曖昧さを排除する手法を、W字モデルと言います。ただし、品質は上がりますがコストと期間が増大する手法なので、品質とコストのバランスを考えつつ実施可否を判断しましょう。

⊙ 各要件を追跡できるようにすること（トレーサビリティ）

後続の基本設計や詳細設計に要件が取り込まれていることを確認するため、**要件を追跡できるようにすることが重要**です。そのためには、要件をナンバリングして管理していきましょう。たとえば各要件単位にユニークなIDを振り、それが、以降の基本設計や詳細設計に落とし込まれているのかを確認します。

◉ **コミュニケーションを大事にすること**

　利用者（業務部門）はシステムに求める要求をより具体的に示し、情シスは、それを正しく理解して機能や性能といった技術的な要件にまとめていく必要があります。つまり、要件定義は互いにコミュニケーションを取り、それを具現化する工程なのです。業務部門と情シスとのコミュニケーションが非常に重要であり、壁を無くすために普段の業務から誠意的に接したり、業務外などでも接点を持ったりしましょう。

3.3.3 特に重要な社外要因・社内要因

　システムの要件に影響するような法律や競合の動向を確認し、必要に応じて要件として取り込みましょう。

◉ （社外）**法律**

　法律に対する要件は対応が必須です。たとえば、マイナンバーカードを利用した仕組みを作るのであれば、マイナンバー関連の法律を遵守したシステム設計にしなければなりません。後で対応漏れに気がつくと、根本的に設計が覆るリスクもあります。

◉ （社外）**市場・競合動向**

　システムは、構築後10年間は利用する可能性があります。その10年の間に市場で何が起こるのかを予測し、それに合わせたシステム要件を検討することが重要です。たとえば、業界や利用者など市場全体が拡大しているケースでは、性能要件もどのくらいの増加が見込まれるのかを算出し、定義する必要があります。

◉ （社外）**災害・環境**

　たとえば、地震発生時の対応やリモート接続の要否などです。通常利用ではない時における非機能要件も漏らしてはいけません。

◉ （社内）**IT資産**

　開発プロジェクトは一つのシステムで完結することは少なく、他のシステムも巻き込んで開発していくことが多いです。どのシステムに影響があり、今後どのようにテストしていくのか、要件定義の早い段階から検討することが大事

です。他のシステム案件の都合で、テストができない期間が生じる可能性もあります。自分たちのプロジェクトのスケジュールにも影響してしまうため、早い段階からすり合わせをしましょう。

⊙ 社内 他案件

要件定義のタイミングでは、移行要件も明確にする必要があります。移行元のシステムにおいて他の案件が進行している場合、それを鑑みてどのような移行要件にするかを定義しなくてはなりません。もしかすると、開発プログラムやジョブ定義が重複している可能性があります。こうしたケースでは、リリース時に障害が発生して切り戻しを行うことになった場合、他案件も引きずられて戻ってしまうことが考えられるため、慎重に分析することが大事です。

⊙ 社内 文化・組織・体制

「今までと同様に設計したから大丈夫」と安易に考えてしまわないように注意してください。今までがたまたま上手くいっていただけかもしれません。失敗事例も参照してください。

⊙ 社内 社内ルール

社内の開発標準ドキュメントとして、要件定義書のフォーマットをきちんと定義するべきです。そもそも存在していなかったり、ぶれていたりすると、それだけで抜けや漏れの多い要件定義書になってしまい、後続工程での要件変更が発生してしまいます。フォーマットに沿って網羅的に要件定義をしましょう。

3.3.4 失敗事例 「現行と同様」では、現行を知らない 開発ベンダが要件を設計に落とし込めない！

⊙ 関連要因

社内 文化・組織・体制
社内 社内ルール

⊙ 事件の概要

ある案件において、発注者側は要件定義書に「現行と同様」と記載していました。すでに開発ベンダに対して、現行システムの設計書や画面モックを渡し

ていたため、それで問題ないと判断したのです（設計書もしっかりと読んでいると考えていました）。

　しかしながら、後続の設計工程やテスト工程において、開発ベンダが現行システムの仕様をあまり理解していないことが判明し、それを原因とする開発遅延が発生してしまいました。一方の開発ベンダ側は、確認する時間がなかったこと、現行システムの設計書に抜けや漏れが多かったことを指摘しています。

◉ 問題点

・要件定義書の中で「現行と同様」という曖昧な言葉を使ってしまった
・現行システムの設計書が不完全であり、更新されていない箇所も多かった

◉ 改善策

　そもそも、要件定義書には「現行と同様」という曖昧な言葉は記載せず、具体的に何かをきちんと定義して記載することが重要です。

・悪い例）現行と同様
・良い例）発注総額は「発注単価×発注人数」の掛け算で計算すること。本ロジックについては、現行システムと同様の仕様になっている

　また、将来の新システム開発に備えて、日ごろから設計書などをきちんとメンテナンスしましょう。そもそも、開発ベンダ側は現行システムについては素人なのです。したがって、現行仕様を発注者側がきちんとレクチャーするように心がける必要があります。

3.3.5 失敗事例 非機能要件が具体的に定義されていない！総合テストで開発ベンダと揉める事態に

◉ 関連要因

（社外）市場・競合動向
（社内）文化・組織・体制

◉ 事件の概要

　機能要件は目に見えて分かりやすい一方、非機能要件は目に見えない要件な

ので非常に分かりにくいものです。とある案件で、非機能要件が具体的に定義されていませんでした。ところが開発後半の総合テストの段階で、ある画面の検索結果が表示されるまでに3分ほど時間がかかってしまうことが判明。開発ベンダと大いに揉める事態へと発展しました。

◉ **問題点**

・要件定義に非機能要件が具体的に定義されていない（このような曖昧な記載は社内文化として残っているケースが多い）

◉ **改善策**

「3.3.2　要件定義作成時・レビュー時のポイント」でも解説した通り、非機能要件は具体的に定義するようにしましょう。

COLUMN

非機能要件は定義が難しい

　非機能要件は機能として明確に見えない部分が多く、定義するのが本当に難しいです。特に性能要件については、前提条件を置かないと正しく定義できません。たとえば、画面の検索にかかる時間は検索条件によっても左右されます。そのため、性能要件を「画面の検索は3秒」とするだけでは不十分で、「どの前提における3秒なのか」まで明記する必要があります。以下に、非機能要件作成のポイントを記載します。

・非機能要件にはどういったものがあるのかを頭に入れましょう。「非機能要求グレード2018」（P.94の脚注を参照）が参考になります。考慮漏れがないか点検しましょう。

・曖昧な点がないか確認しましょう。特に性能要件については、「計測の前提条件が明確か」「計測の始点と終点が明確か」という点をしっかりと確認します。

・自社での作成が厳しい場合、開発ベンダやコンサルに支援してもらいましょう。なお、非機能要件は開発ベンダ側が作成することが多いです。

3.4 設計（基本設計・詳細設計）

● 「設計（基本設計・詳細設計）」ステップの概要

項　目	内　容
ステップ名	設計（基本設計・詳細設計）
目　的	実際にプログラムをする前にどのように構築するのかを設計する **[基本設計の目的]**：システムの全体像の検討や、画面帳票データ設計など、利用者に見える部分を設計する **[詳細設計の目的]**：入力と出力の間のユーザの目に見えない内部処理を設計する
インプット	**[基本設計]**：要件定義書 **[詳細設計]**：要件定義書、基本設計書
アウトプット	**[基本設計書]**：利用者に見える部分を可視化した資料（主にユーザに対して内容を説明するもの） ・画面設計書 ・インターフェース定義書 ・バッチ機能・フロー設計書 ・帳票設計書（エンドユーザ向け帳票やCSVダウンロード） ・データベース設計書　など **[詳細設計書]**：プログラムの内部構造に関する資料（主にプログラマーに対して内容を説明するもの） **◆構造を表現する資料** ・クラス図 ・モジュール構造図 ・データベース物理設計書 ・処理詳細定義書 ・バッチ処理詳細定義書　など **◆流れを表現する資料** ・画面遷移図 ・シーケンス図 ・状態遷移図 ・アクティビティ図 ・フローチャート　など

● 想定体制図

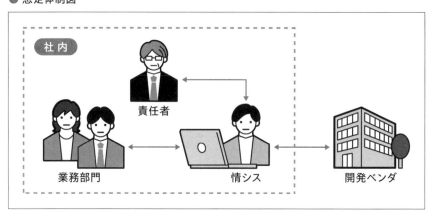

● 各担当者の活動タスク

担当者		活動タスク
発注者	業務部門	・画面イメージや帳票イメージの確認 ・ビジネスルールとの整合性の確認
	責任者	・基本設計工程、詳細設計工程完了の承認
	情シス	・業務部門との連携 ・責任者への報連相 ・開発ベンダの成果物の確認
開発ベンダ		・基本設計書、詳細設計書の作成

3.4.1 設計（基本設計・詳細設計）の活動内容

　設計工程には、基本設計と詳細設計の大きく二つがあります[注3.3]。まず基本設計で全体感を設計した後に、詳細設計に入るという流れになります。この工程は開発ベンダが主体的に進めていきます。

◉ 基本設計

　要件定義で決定した内容をもとに、主に開発ベンダ側がシステムの具体的な外部仕様を決定する工程です。外部仕様とは、画面や帳票、インターフェースファイルなどのユーザや外部のシステムに対して見える部分の機能を指しま

注3.3　基本設計は外部設計、詳細設計は内部設計と呼ばれることがあります。

す。加えて、システム全般のアーキテクチャ設計も、この基本設計と並行して行う場合があります。

　アーキテクチャとは、システムの構造を指します。どのような機能をどこのシステムで保持するか、具体的にどのような製品をベースに組み立てていくか、といった設計です。表3.9のように、アプリケーションとインフラで実施する内容が異なります。

表 3.9　基本設計の実施内容

対　　象	概　　要
アプリケーション	ユーザから見える部分を設計する。たとえば、画面や帳票のレイアウトや、インターフェースファイルのレイアウト設計など。
インフラ	実行環境やシステム方式を設計する。たとえば、ハードウェアやソフトウェアの構成、アプリケーションの実行環境など。

◉ 詳細設計

　詳細設計は、システムの具体的な内部仕様を決定する工程です。内部仕様とは、業務ロジックやチェック仕様など、ユーザや外部のシステムに対して見えない部分の機能を指します。主に、プログラミングに向けた開発者向けの設計を実施する工程です。システム全般のパラメータ設計も、詳細設計と並行して行う場合があります。加えて、表3.10のようにアプリケーションとインフラで実施する内容が異なります。

表 3.10　詳細設計の実施内容

対　　象	概　　要
アプリケーション	ユーザから見えない部分のふるまいを設計する。たとえば、業務ロジックの設計、データベースの物理設計など。
インフラ	システムのパラメータを設計する。たとえば、各種タイムアウト値など。

　設計（基本設計・詳細設計）の主な流れは図3.9の通りです。

図 3.9　設計（基本設計・詳細設計）の主な流れ

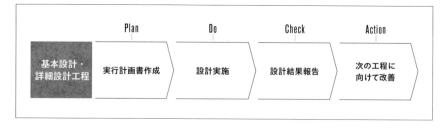

　システム開発規模によりますが、要件定義実行計画書と同様に、基本設計や詳細設計工程の実行計画書を作成し、進め方を定義することがあります。要件定義工程で作成した計画書と基本的なエッセンスは同じであるため、要件定義実行計画書の解説を参照してください。基本的に開発ベンダが主体の工程であり、実行計画書も開発ベンダが作成します。レビューの進め方、結果報告のタイミングなどを発注者側とすり合わせます。

　情シスとしては、主に開発ベンダが作成した基本設計書や詳細設計書の内容をレビューするのが本工程です。レビューポイントについては、後ほど詳しく解説します。

　実行計画書で立てた内容通りに目標が達成できているかを確認しましょう。達成できていない場合、未達の部分をいつまでに達成可能か、スケジュールを立てて対応しましょう。

　また、本工程の振り返りを実施し、続けるべきことや改善すべきことを明らかにします。詳細については「8.6　各工程の「改善時」に検討すべきこと[Action]」も参考にしてください。

3.4.2 設計（基本設計・詳細設計）のレビューポイント

⊙ 主語はしっかり記載し、一文は短く曖昧な表現はしないこと（基本設計・詳細設計共通）

　設計で記載した内容は、次の開発工程に直結する非常に重要な内容です。開発工程は海外で実施する可能性もあります。長い文章や曖昧な表現は、意図しない解釈をされることがあります。そのため、そのままプログラムに落とし込める状態になっているか、曖昧な表現になっていないか、ここで確認しましょう。主語はしっかりと記載し、一文を短くすることがポイントです。

⊙ レビュー体制・観点・順番など、発注者と開発ベンダで合意すること（基本設計・詳細設計共通）

　レビューは闇雲に実施するのではなく、誰がレビューするかという体制、レビューの観点が非常に重要です。それに加えて、どの設計書からレビューするかという順番も大事です。

　有識者が参加しておらず、細かな「てにをは」ばかりの指摘になるようでは、本質的なレビューとは言えません。また、他システムに影響を及ぼすような設計書を最後にレビューすると、手戻りや他システムの開発が間に合わなくなる可能性が生じます。また、レビュー観点については事前にチェックリストなどにまとめて、必ず押さえるべきポイントが盛り込まれているかを確認しましょう。

⊙ システム開発が完了した後の運用面が考慮されていること（基本設計・詳細設計共通）

　発注者側は目先のことだけではなく、リリース後の運用イメージを持ちながら設計を行いましょう。ユーザの利便性はもちろん、システム管理者の運用面でも問題がないかをしっかりと確認します。

⊙ 設計理由や変更履歴が記載されていること（基本設計・詳細設計共通）

　設計書には結論だけを書くことが多いです。ところが保守の工程では、なぜそのような設計になっているのかを辿って調査することもしばしば起こり、かなりの労力がかかります。そのため、別の資料でも良いのですが、必ず設計理由や変更履歴は残しておきましょう。

◎ 標準化設計ルールに従って、設計を行っていること（基本設計・詳細設計共通）

設計工程はさまざまな人が関係するため、実際の設計に入る前に、誰が作業しても同じ品質になるよう標準化を行い、あらかじめルールとして定義します。ここで定義した標準化ルールに逸脱していないかどうかもレビューポイントになります（表3.11）。

表 3.11　標準化の確認ポイント

確認ポイント（例）	・データベースや帳票の項目名称が統一されているか ・各文章の名称や語句の統一がされているか ・文書のID体系がルールに沿ったものになっているか
NG 例	・同じ「社員コード」でも、物理名としてemployee-codeとshain-codeが存在する

表にあるように、社員コードの物理名の表記に揺れがあると、開発後の保守で思わぬトラブルになる可能性があります。表記揺れを防ぐため、項目辞書を作成し、利用して良い語句を統一するケースもあります。

◎ 前工程で定めた内容が抜け落ちていないか確認すること（基本設計・詳細設計共通）

利用者のニーズとずれないように設計するには、要件定義書で定義した内容がすべて取り込まれていることが重要です。各要件要素に対してトレース可能なIDを付与し、基本設計や詳細設計にしっかり落とし込まれているかどうかを確認します。

詳細設計では、それに加えて、基本設計で定めた内容が反映されているかについても確認することが重要です。

◎ 全体視点を持って設計を行っていること（基本設計）

本設計で重要なのは全体的な視点です。どのシステムに対してどのインターフェースを送受信する必要があるのか、全体的なデータの持ち方をどのようにすれば使い勝手が良いのかなど、検討しながら対応する必要があります。

・インターフェースファイルや画面、帳票などは全体感が分かるようになっているか

なぜ標準化が必要なのか

　システム開発における標準化とは、計画手法、設計手法、開発手法、各種プロセス、規約、各種ドキュメントのひな型などを制定し、関係メンバに適用することを指します。簡単に言えば、各種ルールを制定し、そのルールに基づいて各工程を進めることです。

　仮に標準化ルールが定まっていない場合、特定の人に依存（属人化）した状態で作業を進めることになってしまい、設計やプログラムの各種品質を損なう危険や、保守性の低下を引き起こす恐れがあります。また、ひな型を使わずに設計書などを作成する場合、余計に時間がかかってしまうこともあります。

　作業効率化、品質向上、他プロジェクトへの流用といった多くのメリットがありますので、標準化したほうが良いものは積極的に標準化しましょう。

・書かれるべき内容が網羅されているか
・機能分割方針に従って機能が構築されているか

⊚ 業務ルールとの整合性が担保されていること（詳細設計）

　具体的な業務ルールを設計に落とし込むのが本工程です。処理詳細定義書などの中に記載された業務ルールが、業務要件と合っているかを確認しましょう。

　たとえば要件定義書において、「入庫日（GoodsReceiptDate）は出庫日（GoodsIssueDate）より前の日付であること」「入庫日と出庫日は同日日付でも問題ない」という2つの条件があったとします。

　この場合、2つの条件を満たす「GoodsReceiptData <= GoodsIssueDate」が正しい仕様であり、もしも「GoodsReceiptData < GoodsIssueDate」と設計されていたら不具合（設計ミス）となります。

⊚ 処理のタイミングに矛盾がないかを確認すること（詳細設計）

　詳細設計書の中には各処理の流れが記載してありますが、その流れの前後関係や開始タイミングに矛盾がないかを確認することが重要です。たとえばバッチ処理定義については、前段となる処理があることも多いです。処理のタイミングが問題ないか、このレビューで確認しましょう。

3.4.3 特に重要な社外要因・社内要因

設計においては、今後の開発やテスト工程に繋げるために一貫した設計内容になっているかが重要です。

◉ （社外）外部サービス

外部サービスを利用する場合、具体的にどのように接続すべきか接続仕様書を念入りに確認します。少しでも疑問がある場合は、外部サービス担当に確認する必要があります。加えて、どのような接続シーケンスになっているかも併せて確認しましょう。確認を怠ると、接続できないといった問題が発生する可能性があります。

◉ （社内）IT資産

システムを新規に構築する場合は、今まであったシステムを置き換えるケースが多いです。システムを置き換えた場合に、関連システム側はどのように変わってしまうのかを意識しながら進める必要があります。これを見据えずにシステムの置き換えをすると、関連システム側の修正工数が非常に多くなる可能性もあります。結果的に関連システム側がついてこられず、予定通りのタイミングでリリースできなくなる危険もあります。

◉ （社内）社内ルール

ユーザインターフェースの設計標準、インターフェースファイルの送受信などの設計に関する指針、ルールを整備しておく必要があります。ルールがないと好き勝手に設計されてしまい、障害の温床になるだけでなく、プログラム修正の際に想定以上にコストが膨らむ可能性があります。設計内容がきちんと標準に合っているのかを確認しましょう。

3.4.4 失敗事例 項目の整合性が取れておらず、統一性のない設計に！

◉ 関連要因

（社内）社内ルール

◉ **事件の概要**

設計工程において、開発ベンダ側でデータベース設計を行いました。その際に、社内標準や社内ルールを確認せず実施してしまったことから、同じ意味で名称が異なる項目を多数作ってしまいました。その結果、統一性のない設計になってしまい、バグが埋め込まれ、テスト時に想定以上に工数がかかってしまいました。

保守においても同様で、このデータベース設計部分の保守性が非常に悪くなってしまいました。具体的には、保守案件を実施する際に影響調査を行いますが、その際はテーブルの項目名をもとに調査をすることが多いです。今回の事件では項目が統一されておらず、複数の名称が存在していたため、それぞれの名称をもとにした調査が必要になってしまいました。

◉ **問題点**

・標準化の視点、横串の意識が足りておらず、目先の設計ばかりを行っていた
・社内の標準化ルールが浸透しておらず、しっかり確認せずに設計を行ってしまった

◉ **改善策**

標準化チームなどの横串部隊を用意し、コード体系のブレを防ぐことが重要です。また、設計指針やレビュー指針についても横串の視点を持つことで、ずれをなくすことが可能となります。必要に応じて項目辞書を作成し、利用可能な項目をしっかりと定義することも重要です。

3.5 開発・ベンダテスト

● 「開発・ベンダテスト」ステップの概要

項　　目	内　　容
ステップ名	開発・ベンダテスト
目　　的	動くプログラムを開発し、テストを実施してプログラムの品質を高める
インプット	要件定義書、基本設計書、詳細設計書
アウトプット	動作するプログラム

● 想定体制図

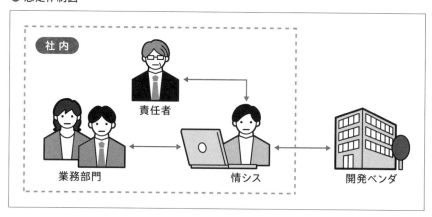

● 各担当者の活動タスク

担当者		活動タスク
発注者	業務部門	・（課題が発生した場合）仕様の確認
	責任者	・開発、ベンダテスト完了の承認
	情シス	・業務部門との連携 ・責任者への報連相 ・開発ベンダの成果物の確認
開発ベンダ		・開発、ベンダテストの実施

3.5.1 開発・ベンダテストの活動内容

開発とはその名の通り、動くプログラムを開発することを指します。日本では外注することが多く、プログラムの内部構造のレビューまでは行わないことが多いです。レビューする場合は、コード規約に準拠していることを確認する必要があります。

発注者側は、この開発工程ではあまりやることがなく、開発ベンダ側の進捗について確認する程度です。開発工程の主な流れは図3.10の通りです。

図 3.10　開発工程の主な流れ

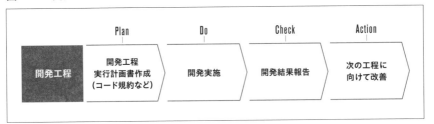

ベンダテストとは、具体的には「単体テスト」「結合テスト」「総合テスト」の三つの範囲を指します。単体テストは「詳細設計書」、結合テストは「基本設計書」、総合テストは「要件定義書」の内容に準拠しているか確認することが重要です。

1. 単体テスト

　プログラム単体機能について確認するテストです。

2. 結合テスト

　画面と画面、画面とバッチなど、機能を結合させて実施するテストです。他システムとの連携テストも、結合テストで実施することが多いです（外部結合テストと呼ばれることもあります）。

3. 総合テスト

　業務を想定して、一連の流れを確認するテストです。発注者側の要求を満たしているかどうかがポイントとなります。

　非機能面については、モジュールの品質が概ね固まった総合テストで計測することが多いです。しかしながら、そこで非機能面の改修が生じると、プログラムの根本から変更するケースもあり、大幅な手戻りになってしまう可能性があります。工数との兼ね合いになりますが、単体テストや結合テストのできる限り早いタイミングから確認することをお勧めします。ベンダテストも、他の工程と同様にPDCAサイクルで対応します（図3.11）。

図3.11　ベンダテスト工程の主な流れ

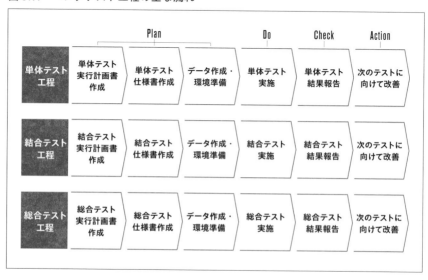

　ベンダテスト工程では、開発ベンダが作成した「テスト計画書」「テスト仕様書」「テスト結果」に関するレビューが主な活動になります。また、必要に応じて各種データ準備のフォロー、関連システムとの調整などを行うのが、発注者側の主なタスクです。

Plan　　　Do　　　Check　　　Action

・共通
　システム開発規模によりますが、要件定義実行計画書と同様に、開発工程やテスト工程の実行計画書を作成し、進め方を定義することがあります。基本的に開発ベンダが主体の工程なので、実行計画書も開発ベンダが作成します。レビューの進め方や結果報告のタイミングなどを発注者側とすり合わせます。

・ベンダテスト

　テスト仕様書を作成します。テスト仕様書とは、どのようにテストを実施するかポイントをまとめた資料です。ポイントに加えて、テストケースを記述します。テストケースには、テスト実施するための前提条件や、テスト方法、テストによって得られる想定結果が記されています。このテスト仕様書をレビューすることが、発注者側のタスクになります。

　テスト仕様書が完成した後は、実際に開発ベンダがテストデータを準備します。別システムのデータが必要になる場合は、発注者側が必要に応じて別のシステムからのデータ取得を手伝ったりします。

　開発工程では、情シスとしては実施することはほとんどありません。進捗が問題ないかを定点で確認するくらいでしょう。

　ベンダテスト工程においては、実際にテストした結果をレビューします。結果のレビューポイントについては、後ほど詳しく解説します。

　各テストデータは開発ベンダが作成しますが、情シスがデータ作成のフォローを行うこともあります。結合テストの後半やシステムテストになると、他のチームとの調整を行う必要がありますので、その調整についても発注者側が実施します。

| Plan | Do | Check | Action |
| Plan | Do | Check | Action |

　実行計画書で立てた内容通りに目標が達成できているかを確認しましょう。達成できていない場合、未達の部分をいつまでに達成可能か、スケジュールを立てて対応します。

　テスト工程については、開発ベンダから出てきたテスト結果をしっかりと確認します。確認ポイントは多岐にわたり、詳しくは後述します。

　また、本工程の振り返りを実施し、続けるべきことや改善すべきことを明らかにします。詳細については「8.6　各工程の「改善時」に検討すべきこと[Action]」も参考にしてください。

3.5.2 開発・ベンダテストのレビューポイント

開発は、発注者側からほとんど見えない工程であり、あまり口出しもできません。ただし、今後の保守性も考えると、下記のような点については開発ベンダに確認しましょう。

◉ コード規約に準拠しているかを確認すること（開発）

コードは保守性が重要であり、多くの場合は開発ベンダ内においてコード規約が存在すると考えられます。それを発注者側が確認することはなかなか困難ですが、開発ベンダに質問するなどして、規約に準拠していることを確認することが大事です。コード規約に遵守した作りになっているとリファクタリング（外部からの動作は変えずに内部構造を整理すること）についても実施しやすいです。

◉ ツール選択基準やリスクが明確になっているかを確認すること（開発）

現代では、プログラミング自動化ツールなど、開発を効率化するツールが世の中に多く存在します。過信しすぎるのは良くないですが、効率化可能な部分は効率化することが重要です。開発ベンダが自動化ツールなどを用いて開発を行う場合は、なぜそのツールを選定したのかきちんとレビューで確認しましょう。開発ベンダ側が、よく分からないまま利用している可能性もあります。

◉ コードのレビュー体制が明確になっているかを確認すること（開発）

作成したコードのレビュー体制が明確化されており、保守性の高いソースコードになっているか確認することが望ましいです。これも、発注者側が直接確認することは困難だと思いますので、開発ベンダにヒアリングして確認しましょう。

◉ 各テスト計画や仕様書の考え方を確認すること（ベンダテスト）

開発ベンダがテスト計画書やテスト仕様書を作成し、それを発注者側がレビューすることも多いでしょう。こうしたレビュー時のポイントは次の通りです。

・過去のプロジェクトなどを参考にして作成しているか
　我流で作成すると、どうしても抜けや漏れが発生してしまいます。

・テスト計画やテスト仕様書の考え方が網羅的であるか

　考え方を定義せず、いきなりテスト計画書や仕様書の各論を書き始めてしまうケースも多いです。その仕様書がいったいどういう考えのもとで作成されているか、どのように定義されているかを必ず確認します。

◉ 要件が網羅的にテストされているかを確認すること（ベンダテスト）

　要件定義書の内容が網羅的に落とし込まれているかを確認することが重要です。つまり、要件がちゃんとすべてテストできているかを確認することが大事です。開発ベンダにはそこが本当に問題ないのかを確認し、必要に応じて各要件要素がすべてテスト仕様書に反映できているか確認してもらいましょう。

　確認の方法としては、各要件IDをテストケースにマッピングし、しっかりと要件がテストケースに落とし込まれているかを確認します。

◉ バグの収束が見えているかを確認すること（ベンダテスト）

　ベンダテストの実施時に重要なのが、きちんとバグが収束しているかです。また、事前に定義したバグ目標に対して、バグが出ているかどうかも重要です。つまり、バグが少なすぎてもダメですし、多すぎて収束していなくてもダメです。バグについては、以下のような傾向になっていることを確認します。

1. 最初はほとんどバグが出ない
2. テストが進むにつれてバグの件数が急激に増える
3. テスト終盤、ほとんどバグが出ない

◉ バグの傾向を分析しているかを確認すること（ベンダテスト）

　テストで見つかるバグには、特定の傾向がある場合もあります。たとえば、「ある機能やモジュール単位」「ある特定の人」「ある特定の開発手法を行った箇所」などです。このように、さまざまな切り口からバグを分析しているかが重要です。開発ベンダに対しては、このような分析と必要な対策をしっかりと実施しているのかを確認しましょう。

◉ 前工程からのバグの流出がないかを確認すること（ベンダテスト）

　単体テストで発見されるべきバグが次の結合テストに出ていないか、結合テストで発見されるべきバグが次の総合テストで出ていないか、開発ベンダに確

認することが大事です。

前工程で検出されるべきバグがあまりにも多い場合は、必要に応じて過去のテスト観点を見直し、再テストの実施をすることも視野に入れる必要があります。

3.5.3 特に重要な社外要因・社内要因

開発で重要なのは、将来を見据えたプログラム構造になっているかどうかです。ここで開発したプログラムは、今後もずっと利用する可能性があります。可能な限り未来を予測しながら開発しましょう。ここでの予測次第で保守性が大きく変わってきます。

◉ （社外）法律

今後の法改正も見据えた開発にすることが大事です。たとえば消費税については、長い間5%や8%などの1桁台でしたが、2019年10月より10%に変更になりました。2桁になったことにより、大幅なシステム改修が必要になる可能性もあります。このように、法律の変更を予知し、保守しやすいプログラム構造にすることが重要です。

◉ （社外）技術動向

開発やテスト自動化ツールなど、さまざまな新技術が世の中には無数にあります。これらのツールを効果的に利用し生産性を高めることが大事です。その一方で、一度も利用したことないツールを利用すると性能問題などのトラブルを引き起こしたりすることもあります。ツールを過信しすぎると良くないので、あくまで補完的な位置付けとすることが重要です。

◉ （社内）文化・組織・体制

プログラミングやテストは、個人のスキルによって生産性や品質が大きく変わってきます。新人が担当する部分は誰かと一緒に行うなど、スキルによって偏りが出ないように体制を構築することが大事です。

◉ （社内）社内ルール

今後の保守性に影響するため、社内で標準化指針やコード規約などのルールがある場合、しっかりとそれに従うことが大事です。このルールを逸脱して開

発すると、保守性の低下を招いてしまいます。

3.5.4 失敗事例 コード規約に準拠せず構築してしまい、保守で大混乱！

⦿ 関連要因

社内 文化・組織・体制

社内 社内ルール

⦿ 事例の概要

　とあるプロジェクトにおいて、コード規約に準拠しないままプログラミングを行ってしまった結果、可読性や保守性が悪化。再利用ができないスパゲッティプログラムになってしまいました。保守において、似たような機能を構築することになっても機能を再利用できず、大きな混乱を引き起こしました。

⦿ 問題点

・コード規約が社内文化として浸透していない

⦿ 改善策

　開発工程の計画書などに、コード規約に準拠しているかを定点で確認することを盛り込みましょう。コードチェックツールなどがあればそれを使い、準拠しているかどうかをしっかり確認します。

3.5.5 失敗事例 単体テストで検出すべきバグが結合テストで大量に！ スケジュールは大幅に遅延

⦿ 関連要因

社内 文化・組織・体制

⦿ 事例の概要

　結合テスト工程において、前の工程である単体テスト工程で検出すべきバグが大量に出てしまいました。その結果、品質が良くない機能を中心に再度単体テストを実施することになり、スケジュールが大幅に遅延してしまいました。

◉ 問題点

・単体テストのテストケースが網羅的でなかった
・工程実施時、工程完了時にどれだけバグがすり抜けているか深堀りできていなかった

◉ 改善策

　各テストのテストケースが網羅的になっているか、複数の観点、切り口で確認することが重要です。加えて、**工程実施時にも分析軸をしっかりと設け、特定の機能や特定の個人にバグが多くないかなどを分析して、次の工程に流出させないことが非常に大事**です。

COLUMN

「いきなりテストケース！」はダメ

　本章に何度も出てくる「テスト仕様書」とは、簡単に言えば以下の2点を盛り込んだドキュメントになります。なお、1を「テスト概要」、2を「テストケース」と呼ぶこともあります。

1. テストケース作成の考え方、テストケースの切り口、テストの方針
2. 前提となる条件、テストの方法、そのテストによって得られる正しい結果（期待結果）

　しかしながら、1がほとんど書かれていなかったり、1の記述がそもそもなかったりするテスト仕様書も多いです。これでは、いったい何をもってテストケースが網羅されていると判断するのがまったく分かりません。
　レビューをする際には、まず1に問題がないかを重点的に確認しましょう。1が間違っていると、2も間違っています。

3.6 ユーザ受け入れテスト

● 「ユーザ受け入れテスト」ステップの概要

項　目	内　容
ステップ名	ユーザ受け入れテスト
目　的	開発ベンダが構築・テストを行った納品物について、納品可能な状態になっていることを確認する
インプット	要件定義書、基本設計書、詳細設計書、開発ベンダテスト済みのプログラム
アウトプット	ユーザ受け入れテスト済みのプログラム

● 想定体制図

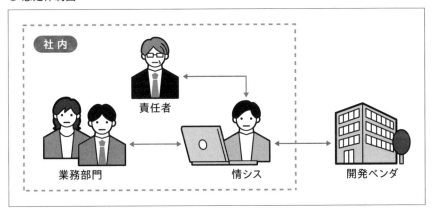

社内

責任者　　業務部門　　情シス　　開発ベンダ

● 各担当者の活動タスク

担当者		活動タスク
発注者	業務部門	・ユーザ受け入れテストケースの作成 ・ユーザ受け入れテストの実施
	責任者	・ユーザ受け入れテスト完了の承認
	情シス	・業務部門との連携 ・ユーザ受け入れテスト前の事前テストのケース作成 ・ユーザ受け入れテスト前の事前テストの実施 ・責任者への報連相 ・開発ベンダの成果物の確認
開発ベンダ		・ユーザ受け入れテスト支援

3.6.1 ユーザ受け入れテストの活動内容

ユーザ受け入れテストとは、別名UAT（User Acceptance Test）と言います。開発ベンダが構築・テストを行った納品物について、納品可能な状態になっていることを確認するテストです。具体的には、業務要件やシステム化要件に沿っていること、システムの使用感に問題がないかを確認します。また、バグが残っている可能性があるので、それらを検出することも目的になります。

システム部門だけではなく、実際に利用する業務部門にも内容を確認してもらうことが重要です。ベンダテストと同様に、**図3.12**のようなPDCAサイクルの流れに従って対応します。

図 3.12　ユーザ受け入れテスト工程の主な流れ

ユーザ受け入れテスト実行計画書に盛り込むべき要素としては、**表3.12**の内容が挙げられます。情シスや業務部門など、テストを実施する関係者が複数いることが考えられますので、実行計画書という形で進め方を定義する必要があります。一般的には、まず情シスがテストして、問題なければ次に業務部門がテストすることが多いようです。

システムの起動、ログの取得など、一部の作業を開発ベンダにフォローしてもらうこともあります。このテスト実行計画書を作成した後は、開発ベンダ側と内容をすり合わせます。

ユーザ受け入れテスト実行計画書の完成後は、テスト仕様書を作成します。テスト仕様書とは、どのようにテストを実施するかポイントをまとめた資料です。その中には、ポイントだけでなくテストケースを記述します。テストケースには、テスト実施するための前提条件、テスト方法、テストによって得られ

表 3.12　ユーザ受け入れテスト実行計画書の構成例

テスト実行計画書項目	内　容
背景・目的	なぜテストを実施するかという背景について、次にテストの目的について記載します。
テストスコープ	全体的なシステム概要図や機能概要図をもとに、どこまでが本テストスコープなのかを指し示します。関連システムの参加有無も記載します。
テスト開始基準・終了基準	テストを開始できる基準、完了できる基準を記載します。一般的に前者は準備が完了していること、後者は全テストケースを消化しバグの収束目途が立っていること、とするケースが多いです。
テスト方針	具体的にどのような方針でテストを推進するのかを記載します。たとえば、開発ベンダが作成したテスト仕様書を流用してテストをする、などです。
テストスケジュール	テストのスケジュールを記載します。どの機能からテストしていくのかも明らかにします。
前提条件・制約条件	たとえばある特定の部署の参加を前提としているのであれば、その旨を明記し、調整時期についても明らかにします。また、制約条件については、テスト終了日などプロジェクトチームでは変更できないものを記載します。
テスト手順・タスク	テストの手順や、想定されるタスクを記載します。
成果物	テストの成果物を成果物一覧としてまとめます。具体的に誰が作成するかまで記載できると役割が明確になります。
体制図	体制図を記載します。ポイントは指揮命令系統とコミュニケーションパスをはっきりさせることです。
進捗管理	スケジュールの遅れがないよう、どのように管理するのかを記載します。たとえばWBSを作成して進捗を記載し、週に一度進捗定例会議で報告する、などです。
障害・問い合わせ管理	情シスだけではなく、エンドユーザがテストする場合も多々あるので、障害や問い合わせが発生した際に具体的にどのように管理するのかを記載します。
変更管理	障害以外の仕様変更があった場合に、スケジュール・コスト・品質を鑑みた上で対応可否を決定する管理フローを記載します。
コミュニケーション管理	テストに関連する会議体などを設定する場合、ここに記載します。
テスト実施環境・データ	テストの実施環境やどの断面のテストデータを用いてテストを実施するかを記載します。
ドキュメント管理	成果物などを具体的にどこで管理するのかを記載します。ファイルサーバのパスなども記載します。

る想定結果が記されています。本工程における発注者側のタスクに、このテスト仕様書を作成することが挙げられます。

テスト仕様書が完成した後は、実際にテストデータを準備します。

| Plan | Do | Check | Action |

テスト仕様書に沿ってテストを実施します。このテスト期間中には、バグと思われる挙動も出てきます。バグと思われる挙動については、必ずその都度、誰か別の人が内容をチェックしましょう。バグではない可能性が高いものまで開発ベンダにいちいち連携していると、開発ベンダ側が疲弊してしまいます。

| Plan | Do | Check | Action |

| Plan | Do | Check | Action |

ユーザ受け入れテスト実行計画書で立てた内容通りに目標が達成できているかを確認しましょう。達成できていない場合、未達の部分をいつまでに達成可能か、スケジュールを立てて対応します。

開発ベンダに対してバグの改修依頼をすることになりますが、システム稼働までに間に合わないものも出てくる可能性があります。これらについては、今後の進め方やいつ改修できるのかをすり合わせる必要があります。

また、本工程の振り返りを実施し、続けるべきこと、改善すべきことを明らかにしましょう。詳細については「8.6　各工程の「改善時」に検討すべきこと［Action］」も参考にしてください。

3.6.2 ユーザ受け入れテストのポイント

ユーザ受け入れテストでは、開発ベンダから納品されたプログラムを疑い、きちんと要件通りになっているかをしっかり確認しましょう。ここで確認しなければ稼働後に修正する事態となり、修正が完了するまで利用者に不便な状態を強いることになります。

◉ 開発ベンダから提供されたシステムを疑うこと

開発ベンダから納品されたシステムは不完全な場合もあり、ユーザ受け入れテストを進めていくと、不具合、想定と異なる挙動が見つかることが多いです。

したがって、ユーザ受け入れテストについても、業務的な側面から要件定義書の内容を確認し、網羅的にテスト計画書や仕様書を作成する必要があります。

提供されたシステムが不完全なものであることを前提に、念入りにテストを行いましょう。ここは稼働前の最後の砦です。ここを突破してしまうと、稼働後に修正をする事態になります。

⊙ 重要な機能を優先的にテストすること

ユーザ受け入れテストは移行本番直前に実施することが多く、稼働まで残り時間が少ない場合も多いです。起こり得る全パターンをテストするには時間が足りない可能性もあります。**確認する機能に優先順位をつけ、重要な機能から先にテストする**ようにしましょう。また、実施できなかったテストについては、開発ベンダの証跡をもってOKとするなど、品質合格基準をあらかじめ定めましょう。

⊙ 実際の環境と同等のデータ量でテストすること

開発ベンダが実施するテストは、効率化のためにデータ量を限定していることが多いです。そのため、本番運用が始まった後で非機能面の問題が表面化する可能性があります。

実際の環境と同等のデータ量でテストすることで、こうした問題がないかを事前に検出することができます。

また、他システムにインターフェースファイルを伝送している場合も、実際と同じデータ量を用いて対応しましょう。受信システム側の取り込みで問題が生じる可能性があります。

⊙ バグを発見した場合、証跡と状況を開発ベンダに提示すること

ユーザ受け入れテストにおいてバグを発見した場合、開発ベンダがプログラムを修正します。そのためには、必ず証跡（エビデンス）とその時の操作状況の詳細も併せて提出しましょう。これを実施しないと、開発ベンダ側で障害の切り分けに時間がかかってしまいます。できるだけ詳細な情報を提示することで、開発ベンダ側も素早く切り分けを行うことができます。

3.6.3 特に重要な社外要因・社内要因

　ユーザ受け入れテストは、実際に本番に近い状況でテストを行いましょう。そうしないと、稼働後に予期せぬ不具合に出くわす可能性があります。最も多い例は、テストに参加する関連システムが足りずに考慮が漏れてしまっているケースです。

⊙（社外）事件・裁判

　何か過去に事件や問題になったケースについても、必要可否を見極めた上で必要に応じて実施することが重要です。たとえば大手メガバンクの事件で話題になったように、処理件数が増大した際に、夜間バッチが完了するのかどうかなどを見極めます。

⊙（社内）IT資産

　その業務に関連するシステムをすべて巻き込んだ状態でテストを行うことが大事です。不足していると、本番稼働後に他のシステムで障害が発生する場合もあります。

COLUMN

ユーザ受け入れテストでバグが出そうなところ

　筆者はこれまで何度もユーザ受け入れテストを実施してきましたが、バグが0件だったということはなく、かなりの数をバグが見つかることもありました。あくまで筆者の主観ですが、傾向としては以下のような箇所、状況にバグが潜んでいることが多いと感じます。

- ・プロジェクトの途中で要件変更が発生した箇所
- ・業務フローや業務ロジックが複雑な箇所
- ・レアなタイミングやステータスで「訂正」「取消」を行う時
- ・レアな権限を持った人によって動作した時
- ・トランザクションデータを大量に投入した時
- ・複数のシステム（関係者）をまたぐ処理の時

◉ 社内 他案件

　過去の他の案件で障害になったケースがあり、今回のユーザ受け入れテストでも対策を実施したほうが良い場合は実施しましょう。過去と同様の問題を繰り返さないためにも、どのような原因かを知識として貯め込んでおきます。

◉ 社内 文化・組織・体制

　バグが見つかった時、改修内容によってはスケジュールを守った対応ができないこともあります。その一方で、業務部門側にとって絶対に必須という機能はあり、そこが守れていなければリリースすることはできません。業務部門と密にコミュニケーションをとり、優先順位の認識合わせを行いましょう。

3.6.4 失敗事例 重要機能の確認を後回しにした結果、バグ改修が稼働に間に合わず！

◉ 関連要因

　社内 文化・組織・体制

◉ 事例の概要

　ユーザ受け入れテストにおいて、設計書の順番通りにテストを実施してしまいました。結果として、重要な機能のテストが工程の後半に回ってしまい、そこで重大なバグが発生しました。ところがすでに移行本番直前だったため、本番ではそのバグは「業務制約」として移行を行い、業務運用開始後にバグの改修を行いました。もちろん、利用ユーザからは不満の声が上がりました。

◉ 問題点
・ユーザ受け入れテストの実施優先順位をつけていなかった

◉ 改善策

　ユーザ受け入れテストの優先順位は明確にしておきます。多くの場合、ユーザ受け入れテストは実施期間が非常に短いため、優先度が高い機能から順にテストを行うべきです。優先順位のつけ方としては、巻末のAppendixに記載している「重要度と緊急度のマトリックス」も活用しましょう。

3.7 業務トレーニング

●「業務トレーニング」ステップの概要

項　目	内　容
ステップ名	業務トレーニング
目　的	トレーニングを実施することで、稼働後に滞りなく業務ができることを確認する 利用者の習熟度（操作や理解）を向上する
インプット	要件定義書、基本設計書 開発ベンダが作成した操作マニュアル ユーザ受け入れテスト時のテストエビデンス
アウトプット	業務マニュアル

● 想定体制図

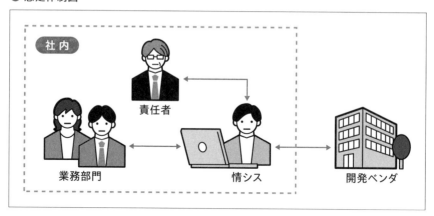

社内

責任者

業務部門　　　　　情シス　　　　　開発ベンダ

● 各担当者の活動タスク

担当者		活動タスク
発注者	業務部門	・パワーユーザ（先生）はトレーニングを実施 ・メンバはトレーニングを受講　・トレーニングマテリアルの作成
	責任者	・業務トレーニング完了の承認
	情シス	・業務部門との連携　・責任者への報連相 ・必要に応じてトレーニングマテリアルの作成 ・業務トレーニング環境の準備
開発ベンダ		・業務トレーニング環境の準備　・問い合わせ対応

3.7.1 業務トレーニングの活動内容

　本番稼働後に滞りなく業務を行えるようにするため、業務マニュアルやトレーニングマテリアルを作成し、実際の利用部門（業務部門）の担当者にトレーニングを行うのが本工程です。各支店に利用ユーザがいるなど、トレーニング対象の人数が多いケースでは、パワーユーザ（先生）を増やし、そこから各実担当者へトレーニング内容を広めてもらいます。業務トレーニングにおいても、図 3.13 のように PDCA の流れに沿って進めることが重要です。

図 3.13　業務トレーニング工程の主な流れ

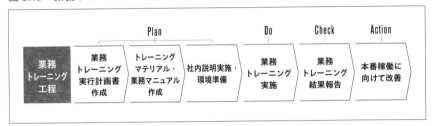

　情シスや業務部門など、テストを実施する関係者が複数いることが考えられますので、実行計画書という形で進め方を定義することがあります。最初のタスクである業務トレーニング実行計画書の作成において盛り込むべき要素は、表 3.13 のような内容です。

表 3.13　業務トレーニング計画書の構成例

トレーニング実行計画書項目	内　容
トレーニング背景・目的	まず、なぜトレーニングを実施するかという背景について、次にトレーニングの目的について記載します。
トレーニングスコープ	どこまでが本トレーニングスコープなのかを、機能や業務をもとに指し示します。トレーニングできない機能などがあればそれも示します。
トレーニング対象者	誰がトレーニングを受けるのかを明記します。
開始基準・終了基準	業務トレーニングの開始基準と終了基準を明確に記載します。

トレーニング方針	具体的にどのような方針でトレーニングを推進するのかを記載します。たとえば、大拠点8ヵ所のプロジェクトメンバからトレーニングし、その後は大拠点のメンバが各支店に対しトレーニングを行う、などです。
マスタスケジュール	トレーニング関連のマスタスケジュールを記載します。
前提条件・制約条件	トレーニングを実施するにあたり、前提、制約となる事項があれば記載します。
トレーニング手順・タスク	トレーニング手順や、想定されるタスクを記載します。
成果物	トレーニングの成果物を成果物一覧としてまとめます。具体的に誰が作成するかまで記載できると役割が明確になります。
体制図	体制図を記載します。ポイントは指揮命令系統とコミュニケーションパスをはっきりさせることです。
進捗管理	トレーニングの遅れがないようにどのように管理するのかを記載します。たとえばWBSを作成して進捗を記載し、週に一度進捗定例会議で報告する、などです。
問い合わせ窓口・フロー	問い合わせが発生した際に具体的にどのように管理するのかを記載します。
会議体管理	トレーニングに関連する会議体などを設定する場合は、ここに記載します。
トレーニングマテリアル作成方法	トレーニングマテリアルの作成方法について記載します。
トレーニング日程	トレーニング日程について記載します。
トレーニング実施方法・実施場所	対面なのかオンラインなのかなど、実際のトレーニング実施方法や実施場所について記載します。

　実行計画書を作成した後は、実行計画書に従ってトレーニングマテリアル（トレーニング教材）や利用するユーザへの説明会の準備を行いましょう。

　一般的にはまず業務マニュアルを作成し、その中身を抜粋して社内説明会用の資料やトレーニングマテリアルを作成することが多いです。作成したトレーニングマテリアルに沿って業務トレーニングを実施します。

　社内説明会や業務トレーニングで大事なのは、キーパーソンの出席の有無、どのくらいの人数が参加しているかです。参加率があまりに悪いようであれば、実施方法やアナウンス方法を変更しましょう。

| Plan | Do | Check | Action |

| Plan | Do | Check | Action |

　業務トレーニング実行計画書で立てた内容通りに目標が達成できているかを確認しましょう。達成できていない場合、未達の部分をいつまでに達成可能か、スケジュールを立てて対応しましょう。特に、あまりに参加率が悪い部署などがある場合は、必要に応じて移行本番までに追加でトレーニングを実施します。

　また、他の工程と同様に本工程の振り返りを実施し、本番稼働に向けて続けるべきことや改善すべきことを明らかにします。詳細については「8.6　各工程の「改善時」に検討すべきこと［Action］」も参考にしてください。

3.7.2 業務トレーニングのポイント

　利用者が多いシステムでは、プロジェクトメンバだけではトレーニングしきれない可能性もあります。そのため、以下で解説するパワーユーザ（先生）を育成し、その先生によるトレーニングを実施することもポイントです。

◉ 新システムに精通したパワーユーザ（先生）を育てること

　大規模な会社になればなるほど、プロジェクトメンバが各利用者に対して都度説明するの非効率になります。そこで、部署などの単位で新システムに精通したパワーユーザ（先生）を育て、システムの利用方法を啓蒙してもらうことも視野に入れてください。

◉ トレーニングマテリアルは現場の声を聞きながら作成すること

　本工程では、トレーニングを実施する前に業務トレーニングマテリアルや業務マニュアルを作成する必要があります。これらのドキュメントや動画は、システム部門ではなく業務部門が見るものです。したがって、実際に利用するユーザの声を聞きながら作成することが重要です。ドキュメントとして作成したほうが良いのか、動画形式にしたほうが良いのかなど、具体的な作成手法についても利用者の声に耳を傾けましょう。

◉ 社内ヘルプデスクもしっかりとトレーニングすること

大規模な会社になると、社内にヘルプデスクがあり、ヘルプデスクがユーザからの問い合わせの一次受けになると思います。ヘルプデスクの教育が不足していると、ユーザからのクレームが来てしまい、それによってヘルプデスクの不満も溜まっていきます。ヘルプデスクもきちんとトレーニングし、システムについて理解してもらうようにしましょう。

◉ 社内説明会は可能な限り対面で行うこと

コロナ禍の時代になかなか対面で実施するのは難しいと思いますが、社内説明会については、できる限り対面で、それができない場合もオンラインでのウェビナー形式で実施しましょう。

「マニュアルを置いておくので見ておいてほしい」ではなく、直接会うことで、ユーザの不安を解消することができます。もしかすると、社内説明会は周りが敵だらけでかなり厳しい言葉が飛ぶこともあるかもしれません。そこは恐れず立ち向かっていきましょう。

社内説明会のポイントとしては、ユーザにとってどのような利点があるかを重要視して説明することです。情シスだけで説明するのではなく、業務部門にも参加してもらいましょう。丁寧に説明することで、その後の信頼にも繋がっていきます。

3.7.3 特に重要な社外要因・社内要因

新システムへの移行は反発も多いものです。思わぬどんでん返しを食らわないよう、できる限り仲間を増やしながら対応しましょう。

◉ 社外 法律

業務部門からは、法律とシステムがどう結びつくのかといった質問が出る可能性があります。想定問答集を用意しておき、可能な限り関連する法律についても調べた上で、社内説明会や業務トレーニングを実施するようにしましょう。

◉ 社内 文化・組織・体制

システム利用者に近い人間をあらかじめ味方につけておき、一枚岩となって業務トレーニングや説明を行うことが望ましいです。少しでも味方が増えるこ

とにより、社内説明会における厳しい意見は少なくなると考えられます。

3.7.4 　失敗事例　説明する順番や内容に不備があり、社内説明会が炎上！

◉ 関連要因

　社内　文化・組織・体制

◉ 事例の概要

　社内説明会において、情シスの担当者から個々の変更点を説明してしまいました。しかしながら、本来であれば説明会の冒頭で経営層から「なぜこのシステムを導入するに至ったのか」などの説明をするべきでした。順序や内容の不備から、参加者は総論がなかなかつかめず、説明会が炎上してしまいました。

◉ 問題点

・説明会の冒頭で、社内に影響のある人から経緯や目的などを説明するべきだった
・情シスの担当者も総論から説明したほうが良いが、それができていなかった
・説明する内容や順番についてシミュレーションが十分ではなかった

◉ 改善策

　社内説明会においては、本プロジェクトのプロジェクトオーナなど、社内に影響力のある人から、まずは全体像の説明を行うことが重要です。個別の各論については上記の後に行うべきです。また、総論でも各論でも、システム導入のメリットを大きく伝えることが非常に重要です。

　社内説明会のリハーサルを実施し、関係者に内容を確認してもらい、改善点のフィードバックをもらいましょう。

3.8 移行リハーサル・移行本番

●「移行リハーサル・移行本番」ステップの概要

項　目	内　容
ステップ名	移行リハーサル・移行本番
目　的	移行リハーサルを行い、万全の体制で移行に向かう 移行を完了し、業務を開始する
インプット	プロジェクト計画書、要件定義書
アウトプット	移行リハーサル・移行本番計画書、実施

● 想定体制図

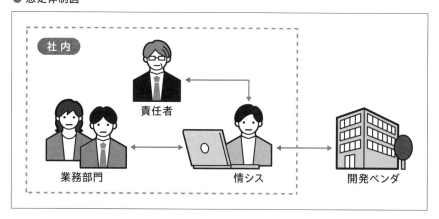

● 各担当者の活動タスク

担当者		活動タスク
発注者	業務部門	・業務の切り替え
	責任者	・移行完了の承認
	情シス	・業務部門との連携 ・責任者への報連相 ・移行計画の作成 ・移行の実施
開発ベンダ		・移行の実施 ・問い合わせ対応

3.8.1 移行リハーサル・移行本番の活動内容

移行本番は、予行演習をしないと上手くいかないことが多いです。そのため、移行リハーサルを数回実施し、移行本番に備えます。

移行リハーサルや移行本番は、成果物として開発ベンダが計画書や手順書を作成することが多いでしょう。しかしながら、自社の関連システムも切り替えが必要ということもありますので、発注者側がしっかりとハンドリングしなくてはならない工程です。契約形態としても、移行リハーサルや移行本番は準委任契約を締結して推進するケースがほとんどです。

また、移行本番前にはカットオーバークライテリア（移行判定基準）を確認し、本当に移行本番できる準備が整っているかを確認した後に、移行本番に臨むことが多いです。移行リハーサルと移行本番の流れを図3.14に示します。

図 3.14　移行リハーサル・移行本番の流れ

移行計画書の作成時に盛り込むべき要素は表3.14のような内容になります。情シスと開発ベンダがお見合いにならないよう、また、関係者が複数いることが考えられますので、移行計画書という形で進め方を定義することがあります。

表 3.14　移行計画書の構成例（発注者が主体的に進めるが、ドキュメント自体は開発ベンダが作成することが多い）

計画書項目	内　　容
背景・目的	本書の背景や目的を簡潔に記載します。
移行要件	どのような移行要件があるのかを具体的に記載します。
移行の特徴	移行本番における特徴や留意点について記載します。
移行全体方針	移行本番の日取り、移行リハーサルの回数など全体に関わる方針を記載します。
業務移行方針	業務の移行方針について、新旧の業務を並行稼働させるのかなどを記載します。
システム移行方針	システムリリースに関して、たとえば段階的に移行するのか、一括で移行するのか、などの方針を記載します。
データ移行方針	データをどのように移行するかを記載します。平日に移行するのか、休日に移行するのか、などです。
移行全体スケジュール	移行全体のスケジュールを記載します。
前提条件・制約条件	移行全体に関する前提や制約を記載します。
移行成果物	移行に関わる作成成果物を記載します。
移行対象物件	From-To を明確にし、どのシステムからどのシステムに対し、何を移行するのかを記載します。データを移行する場合もあれば、ファイルや帳票を移行する場合もあります。
移行課題管理	課題が発生した際に具体的にどのように管理するのかを記載します。
コミュニケーション管理	発注者側と開発ベンダ側で具体的に誰と誰が会話するのかを記載します。加えて、会議体などを設定する場合もここに記載します。
ドキュメント管理	成果物等を具体的にどこで管理するのかを記載します。ファイルサーバのパスなども記載します。
進捗管理	移行に関わる進捗をどのように管理するのかを記載します。プロジェクト計画書を参照しても良いです。
体制・役割分担	移行に関する体制について記載します。プロジェクト計画書に記載があれば、そちらを参照しても問題ありません。
環境管理	移行テストやリハーサルにおいて、どのように環境を利用していくのかを記載します。
移行テスト	移行について、どこでどのようにテストを行い、品質保証をするのかを記載します。テスト計画書を参照しても良いです。
移行リハーサル	移行計画書には概要だけ記載し、移行リハーサル実行計画書を直前に作成することも多いです。それぞれの移行リハーサルについて、どこまで何を実施するのかを記載します。
移行本番	移行計画書には概要だけ記載して、移行本番実行計画書を移行本番の直前に作成することも多いです。移行本番について、どこまで何を実施するのかを記載します。

　関係するシステムが少ない場合は、開発ベンダが作成して終わることも多いですが、関係するシステムが多い場合は、発注者側が移行計画書を作成し、移行全体をハンドリングします。**移行計画書は、移行リハーサルが終わるタイミングで内容を見直し、精度を高めていきます。**

　また、カットオーバークライテリア（移行判定基準）についても、移行リハーサルを開始するのと同じタイミングで作成します（**表3.15**）。これは、開発中のシステムがどのような状態に達したら本稼働（カットオーバー）に移行するのかを定めた基準です。

　なお、移行計画書については、要件定義の後半という比較的早いタイミングで作成し、そこで作成した計画書を後続の工程でブラッシュアップする進め方も多いです。どのタイミングで作成するかはプロジェクト毎にまちまちなので、対応規模や過去事例を参考にして判断しましょう。

表3.15　カットオーバークライテリア（移行判定基準）の例（最終判断者である発注者側が主体的に作成すること）

No.	件　名	内　容
1	開発や機器の設置について	新システムの稼働に必要なシステム開発・機器の設置が完了していること
2	品質基準について	新システムの稼働に必要なシステムや機器のテストが実施され、品質基準を満たしていること
3	準備やリハーサルについて	新システムに移行するための準備やリハーサルがすべて完了していること
4	トレーニングについて	新システムを運用するために必要な業務手順書などの準備が完了し、必要なトレーニングがされていること
5	保守体制について	新システムを保守、運用するための体制が準備されていること
6	コンティンジェンシープランについて	新システムへの移行、本番稼働に際し、不測の事態が発生した場合の対応計画（コンティンジェンシープラン）が明確であること
7	残課題やバグについて	新システムへの移行、本番稼働に際し、課題やバグが残っている場合は、対処方法が明確になっており、かつ対応完了目処が立っていること

| Plan | Do | Check | Action |

・移行リハーサル
　一般的には複数回、移行リハーサルを実施します。移行リハーサルで確認す

べき観点は大きく二つあり、「移行手順が問題ないか」「移行時間が問題ないか」です。移行リハーサルの際には、必ず移行リハーサル後の本番稼働に影響を与えないことを複合的に確認しましょう。発注者側としては、移行リハーサルが進捗通り行われているかをしっかりと確認することがタスクになります。

・移行本番

　何度か移行リハーサルを繰り返し、移行品質を高めた上で移行本番を実施します。移行本番では、データ移行が問題なく完了したら、その後にテスト打鍵確認を行います。これで問題ない場合は本番稼働判定が行われ、晴れてシステムリリースとなります。

　発注者側としては、移行本番が進捗通り行われているかをしっかりと確認することがタスクになります。また、移行が上手くいかなかった場合に、システムを切り戻しするかどうかの判定も発注者側が行います。

| Plan | Do | Check | Action |
| Plan | Do | Check | Action |

・移行リハーサル

　移行計画書で立てた内容通りに目標が達成できているかを確認しましょう。達成できていない場合、未達の部分をいつまでに達成可能か、スケジュールを立てて対応します。また、他の工程と同様に本工程の振り返りを実施し、本番稼働に向けて続けるべきことや改善すべきことを明らかにします。詳細については、「8.6　各工程の「改善時」に検討すべきこと [Action]」を参照してください。

・移行本番

　晴れて移行本番が完了した後は、プロジェクト全体を振り返り、完了報告を行います。そこでプロジェクトで達成できたことや、逆に達成できなかったことを振り返ります。

3.8.2 移行リハーサル・移行本番のポイント

移行本番で問題なくリリースするためには、入念にリハーサルを行うことが大事です。

⦿ 手順の確認と時間の計測を念入りに行うこと（リハーサル）

リハーサルでは大きく「想定した手順が問題ないか」「時間内にすべて終わるか」の二つを確認することが重要です。これらを確認する旨を、移行計画書や移行手順書にしっかりと盛り込みましょう。また、移行リハーサルが完了したら振り返りを行い、計画書や手順を見直す部分があればしっかりと見直します。

⦿ 翌日の業務に影響を与えないように必ず元の状態に戻すこと（リハーサル）

移行リハーサルは非稼働時間を狙い、本番環境で実施することもあります。その場合、本番業務に支障がないようしっかりと元に戻します。極端な例ですが、移行リハーサルがすべて失敗に終わったとしても、その後の業務は死守する必要があります。

戻しの手順についても、必ず事前に開発環境で確認することが重要です。こ こはしっかりと開発ベンダに確認しましょう。

⦿ 移行計画書は先に移行本番から作成すること（リハーサル）

移行計画書を作成する時にポイントになるのが、先に移行本番の計画を作成することです。まず移行本番の計画があり、その予行練習をするために移行リハーサルがあるのです。順序が逆転してしまうと、いったい何のためにリハーサルを行うのかが分からなくなってしまいます。

⦿ 稼働判定や切り戻し判定は発注者側のPMが判断すること（本番）

事前に本番稼働判定基準を設け、それに沿って問題なく移行本番が実施できているかを確認することが重要です。その際には、発注者側のPMが判断材料を集めて、先に進むのか保留にするのかを決定しましょう。移行リハーサルにおいて、判断材料や判断ポイントが適切ではないと分かった場合は、移行本番までに見直しましょう。

⊙ コンティンジェンシープランを用意すること（本番）

移行本番や稼働翌日に、システムが上手く動作するとは限りません。**システムが動作しない場合に備えて、コンティンジェンシープランを用意しましょう。**コンティンジェンシープランとは、システム障害など想定外の事態が起きた時のために、事前に定めておく対応策や行動手順のことを指します。ただ、ありとあらゆるところにコンティンジェンシープランを設定するのはかなりの労力です。事前に発生しそうなポイントを見極めた後、設定するようにしましょう。

3.8.3 特に重要な社外要因・社内要因

移行はプロジェクトの最後です。最後まで気を抜かず、以下のような要因を考慮しておきましょう。思わぬところで被害を受ける危険もあります。

⊙ 社外 事件・裁判

関連会社や同一業界内で何かシステムトラブルがあると、移行本番直前に想定外の確認作業が入ってしまい、移行本番が延期になるリスクがあります。システムに関するニュースについては、自身のプロジェクトに影響しないかをしっかり確認することが大事です。

⊙ 社内 社内政治

各関係者との「リリース調整」は、発注者側のタスクとして、スムーズに運用開始するための稼働前最後の大きなイベントになります。全社への稼働告知も情シス主体で行うことが多いでしょう。ここでの調整や確認が甘いと、思わぬ形で影響を受ける可能性があります。

加えて、稼働判定会議でNG、もしくは保留になる項目が分かった場合は、関係者に説明するなどしてリリースするために自ら手を打つことが重要です。NG項目や保留項目が移行本番まで残っていては、リリースできない可能性があります。必ず事前に社内の関係者と調整を行いましょう。

⊙ 社内 文化・組織・体制

過去事例を活用することも大切ですが、踏襲するだけでは、今回の移行において必要な対応が漏れてしまうことがあります。必ず、今回の移行の特徴を考慮した上で、必要な対応を行いましょう。以下で紹介する失敗事例も参照して

ください。

3.8.4 失敗事例 コンティンジェンシープランが未設定！障害復旧に時間がかかり業務影響が発生

⦿ 関連要因

社内 文化・組織・体制

⦿ 事例の概要

　移行本番やシステム稼働翌日に何かトラブルが発生した場合の対処法として、コンティンジェンシープランを用意する必要があります。

　とあるプロジェクトの移行本番後、初回稼働日の夜間バッチでジョブが異常終了してしまいました。ところが、事前にコンティンジェンシープランが用意されていなかったため、復旧に時間を要してしまい、夜間バッチのリミット時間を超えてしまいました。結果として業務影響が発生してしまい、業務部門からお叱りを受けることとなりました。

⦿ 問題点

・そもそもコンティンジェンシープランが用意されていなかった
・社内文化としてコンティンジェンシープランがないことを誰も疑問に思わなかった

⦿ 改善策

　コンティンジェンシープランについて、移行計画書やカットオーバークライテリアに明確に記載します。加えて、移行計画書をもとに移行手順書にもしっかりと落とし込みます。また、社内の文化も変える必要があります。社内標準に関して担当レベルのメンバに説明を行い、内容を啓蒙しましょう。

COLUMN

関連システムとの調整や各種管理は
発注者側の責務！

　移行リハーサルや移行本番において、開発ベンダに任せっきりで発注者側が主体的に動いていないケースが見受けられます。

　冒頭のプロジェクト計画書にも記載していますが、基本的に開発ベンダは自社で決められたスコープの範囲内で対応を行います。社内の他の関連システムとの調整、各種管理などは、基本的には発注者側の仕事になります。これを認識した上で対応するようにしましょう。

　移行関連は、責任分担で揉めることがよくあります。タスク、担当の認識合わせは念入りに実施しましょう。

3.9 この章のまとめ

　システム開発は、動くシステムを構築する重要な工程です。ここで妥協してしまうと、品質の悪いシステムができあがってしまい、機能がまったく使われないといった事態が起こります、そのようなことがないよう、きっちりと対応してください。各ステップのポイントを表3.16 にまとめます。

表 3.16　各ステップのポイントまとめ

ステップ名	ポイント
プロジェクト計画	・工程定義を開発ベンダとすり合わせること ・過去プロジェクトや会社標準のフォーマットを利用すること ・具体的かつ定量的、さらに実現可能な内容で記載すること ・スコープとスケジュールを明確に記載すること ・スケジュールが破綻していないか、発注者側はチェックすること ・リスクを把握すること
要件定義	・要件の採用可否を決定する基本方針を制定すること ・業務部門の要求を鵜呑みにしないこと ・曖昧さを排除し、具体的かつ実現可能な要件にすること ・各要件を追跡できるようにすること（トレーサビリティ） ・コミュニケーションを大事にすること
設計 （基本設計・詳細設計）	・主語はしっかり記載し、一文は短く曖昧な表現はしないこと（基本設計・詳細設計共通） ・レビュー体制・観点・順番など、発注者と開発ベンダで合意すること（基本設計・詳細設計共通） ・システム開発が完了した後の運用面が考慮されていること（基本設計・詳細設計共通） ・設計理由や変更履歴が記載されていること（基本設計・詳細設計共通） ・標準化設計ルールに従って、設計を行っていること（基本設計・詳細設計共通） ・前工程で定めた内容が抜け落ちていないか確認すること（基本設計・詳細設計共通） ・全体視点を持って設計を行っていること（基本設計） ・業務ルールとの整合性が担保されていること（詳細設計） ・処理のタイミングに矛盾がないかを確認すること（詳細設計）

開発・ ベンダテスト	・コード規約に準拠しているかを確認すること（開発） ・ツール選択基準やリスクが明確になっているかを確認すること（開発） ・コードのレビュー体制が明確になっているかを確認すること（開発） ・各テスト計画や仕様書の考え方を確認すること（ベンダテスト） ・要件が網羅的にテストされているかを確認すること（ベンダテスト） ・バグの収束が見えているかを確認すること（ベンダテスト） ・バグの傾向を分析しているかを確認すること（ベンダテスト） ・前工程からのバグの流出がないかを確認すること（ベンダテスト）
ユーザ受け入れ テスト	・開発ベンダから提供されたシステムを疑うこと ・重要な機能を優先的にテストすること ・実際の環境と同等のデータ量でテストすること ・バグを発見した場合、証跡と状況を開発ベンダに提示すること
業務 トレーニング	・新システムに精通したパワーユーザ（先生）を育てること ・トレーニングマテリアルは現場の声を聞きながら作成すること ・社内ヘルプデスクもしっかりとトレーニングすること ・社内説明会は可能な限り対面で行うこと
移行リハーサル・ 移行本番	・手順の確認と時間の計測を念入りに行うこと（リハーサル） ・翌日の業務に影響を与えないように必ず元の状態に戻すこと（リハーサル） ・移行計画書は先に移行本番から作成すること（リハーサル） ・稼働判定や切り戻し判定は発注者側のPMが判断すること（本番） ・コンティンジェンシープランを用意すること（本番）

第 4 章

サービス導入

4.1 「サービス導入」とは

　本章で解説する「サービス導入」は、サービス導入の設計〜業務開始までを実施するフェーズです。「第3章　システム開発」では、パッケージなどを利用せず、一からオリジナルのシステムを開発するスクラッチ開発に焦点を当てて説明しました。それに対して本章は、既製のサービスを利用するための対応となります。たとえば会計クラウドの「freee（フリー）」、経費精算クラウドの「Concur（コンカー）」、名刺管理サービス「Eight（エイト）」を導入する、といったケースです[注4.1]。

　なお、サービス導入においても、個別にカスタマイズ対応を実施したり、サービスを補完するツールを作成したりするケースはあります。システムを作る部分については、「第3章　システム開発」を確認してください。

　また、サービス導入では、「第3章　システム開発」の対応に通ずるものも非常に多くあります。計画やリリースで実施すべき大切なポイントは共通の事柄が多いためです。特に「4.2　プロジェクト計画」「4.5　業務トレーニング」「4.6移行リハーサル・移行本番」については、「第3章　システム開発」の内容が基本となります。

本章においては、サービス導入ならではのポイントを解説しています。「第3章　システム開発」の内容をベースとしつつ、本章を活用してください。

4.1.1 鳥瞰図における位置付けと内容

　鳥瞰図における本フェーズの位置と、その中のステップについて説明します（図4.1）。

　企画で決定したサービスを導入するためのフェーズです。業務開始後は、保守、運用フェーズに入っていきます。当フェーズ内のステップは図4.2の通りです。

　まずは、導入するサービスの詳細な内容を確認しつつ、何を実施するかを整

注4.1　スクラッチとサービス利用の違いについては、「2.3.1　システム企画の活動内容」の「表2.3　スクラッチとサービス利用の主な違い」を参照してください。

図4.1　サービス導入フェーズの位置付け

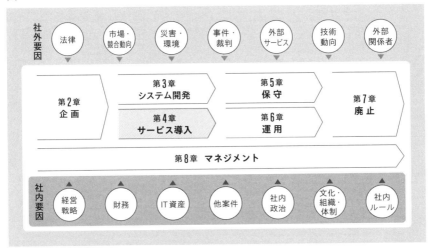

図4.2　サービス導入フェーズのステップ

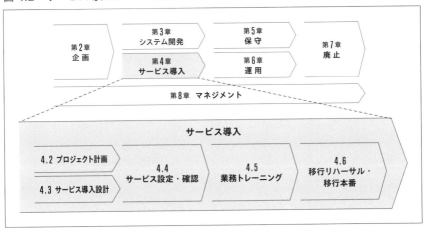

理します。そして、実際にサービスに対して設定を行い、テストを実施します。
準備が整ったら業務トレーニングを行い、移行リハーサル・移行本番を実施し
て、業務開始となります。

　基本的には、情シスが検討・確認・設計していくことになります。プログラ
ム開発が必要となる部位については、「第3章　システム開発」を参照してく
ださい。

　各ステップにおける概要は以下の通りです。

◉ 4.2　プロジェクト計画

プロジェクト計画については、「3.2　プロジェクト計画」とやるべきことは同じですので、そちらを参照してください。後述するサービス導入設計を並行して実施し、確固たるスケジュールやタスクを整理して、成功するプロジェクト計画を作りましょう。

◉ 4.3　サービス導入設計

サービスを導入するために何を実施する必要があるのかを明確にします。導入予定のサービスについて、「どのような使い方」をし、「それにはどのような設定が必要」で、そしてそれを「どのような方式で導入」するかを設計します。

導入に向けて必要なタスクは、サービスによってまちまちです。そのため、サービス導入設計の序盤において、実際にサービスを試用するなどしてタスクを把握し、それぞれのボリューム感を確認します。これらはプロジェクト計画に反映してください。

◉ 4.4　サービス設定・確認

サービス導入設計に従い、サービスに実際に設定を実施していくステップです。そして、想定通りの動作になっているかをテストします。

◉ 4.5　業務トレーニング

業務を円滑に開始するためのトレーニングを実施します。サービスを利用する現場の担当者に実際に利用してもらい、業務が実施できるか、課題がないかを確認します。それとともに、本番業務開始に向けてサービスの習熟度（操作や理解）を向上します。

◉ 4.6　移行リハーサル・移行本番

より安全に業務開始できるように、リハーサルを実施してリリースを行います。リリース時の業務影響リスクが低い計画が立てられるのであれば、移行リハーサルを実施しないケースもあります。

4.2 プロジェクト計画

● 「プロジェクト計画」ステップの概要

項　目	内　容
ステップ名	プロジェクト計画
目　的	サービス導入におけるゴール達成（業務開始）までの道筋を明らかにする 活動方法を周知徹底することで、生産性の高い活動を実現する 問題発生時の判断基準を準備することで、円滑なプロジェクト実施を実現する
インプット	システム企画書、サービス導入設計書　※並行して作成
アウトプット	プロジェクト計画書

● 想定体制図

● 各担当者の活動タスク

担当者	活動タスク
情シス	・プロジェクト計画書の作成 ・業務部門との連携（計画レビュー） ・責任者への報連相
業務部門	・プロジェクトの目的や方針の確認 ・スケジュールの妥当性の確認 ・各工程の実施タスクの確認
責任者	・プロジェクト計画書の承認

　プロジェクト計画に関しては、作成すべき内容は「3.2　プロジェクト計画」と同様です。実際の活動タスク（この後で説明する「サービス導入設計」「サービス設定」など）は異なりますが、プロジェクト計画として書くべき項目は同様ですので、実施内容については「3.2　プロジェクト計画」を参照してください。

COLUMN

プロジェクト計画書の肝

　プロジェクト計画書として作成すべき本質は同じですが、当然ながら、実施する内容が異なれば気にすべき内容も異なります。これまで筆者も、「プロジェクト計画は特徴を意識せよ！！」と散々言われてきました。エイヤで作ると「魂が入っていない」とよく指摘されたものです。

　さて、サービス導入に関する特徴については本章を参照していただきたいのですが、プロジェクト計画書の肝になるのは大きく2点です。

・サービスは自分たちの思い通りにはならない
・なぜサービスを使うことにしたのか、その目的を忘れない

　後々に「スクラッチシステムのほうが良かった」などとならないよう、プロジェクト計画からしっかりと作り上げていきましょう。

4.3 サービス導入設計

●「サービス導入設計」ステップの概要

項　目	内　容
ステップ名	サービス導入設計
目　的	サービスを導入するために何を実施する必要があるのかを明確にする サービス内容を理解し、設計することで、妥当なサービス設定を可能にする
インプット	システム企画書、サービスマニュアル
アウトプット	サービス導入設計書

● 想定体制図

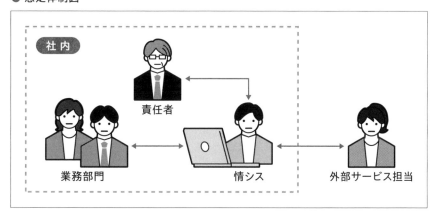

● 各担当者の活動タスク

担当者	活動タスク
情シス	・サービス導入設計書の作成　・サービスの調査 ・外部サービス担当への問い合わせ ・業務部門との連携（計画レビュー、対応依頼、各種サポート） ・責任者への報連相　・（必要に応じて）サービス契約
業務部門	・サービス内容の確認　・情シスへの要望 ・業務設計（調整を含む）　・業務トレーニング計画の妥当性確認 ・移行リリース計画の妥当性確認
外部サービス担当	・問い合わせ対応　・サービスに関する情報の提示 ・（必要に応じて）サービス契約
責任者	・プロジェクト実施サポート　・最終的な判断

第1章　第2章　第3章　第4章　サービス導入

4.3.1 サービス導入設計の活動内容

サービスを導入するために何を実施する必要があるのかを明確にし、導入に必要な内容を設計します。ここではサービス導入設計と呼んでいますが、実施する目的は「第3章　システム開発」における「要件定義（業務要件定義、システム要件定義）」「設計工程」の二つの内容を含んでいます。ここでは、サービス導入において考慮すべき点を中心に説明します。

サービス導入設計を実施するための実行計画書を作成します。サービス導入においては、システム開発とは異なり、何を実施すれば良いのかが不明瞭なことがあります。サービスがどういった設定画面になっているのか、設計する元ネタをどこで収集したら良いのか、といった具合です。そのため、大きくは以下の2段階で進めるのが良いでしょう。

1. サービスを深掘りする
2. 導入設計を行う

1. サービスを深掘りする

サービスの細かな仕様の確認を行い、詳細な使い方を判断できるようにします。サービスマニュアルを確認し、サービスそのものを実際に操作してどのような挙動になるかを確認するのが一般的です。不明な点、曖昧な点については、外部サービス担当（窓口）に問い合わせましょう。**サービスを深掘りする中で、必要なタスクが明確化していきます。**それらをプロジェクト計画に反映し、計画を完成させましょう。

2. 導入設計を行う

導入予定サービスの特性やサービスに関連するシステムの有無、現状のシステム利用状況などにより、対応すべき内容は多岐にわたりますが、必要となるアウトプットをできる限り提示します（**表4.1**）。なお、この表に挙げた内容が

すべてとは限りませんのでご注意ください。

表 4.1　サービス導入設計の要素例

要　素	内　容
業務設計	実際の業務で利用するレベルの業務設計を実施します。業務設計に関しては「3.3.1　要件定義の活動内容」の「2.　業務要件定義」も参考にしてください。
サービス設定設計	パラメータ設計と呼ぶこともあります。業務を実現するためのサービス設定値を設計します。一般的にはサービスの「管理者画面」から設定できることが多いです。
対関連サービス設定	関連システム・サービスとシステム連携することもあります。たとえば、見込み客を管理するサービスにおいて商品の購入があった場合、顧客管理システムにデータを接続する、といった設定です。
セキュリティ設定	ログイン認証の強度や、アクセスコントロールといったセキュリティ観点での設計を行います。自社のセキュリティルールやそのレベルに合わせて決めましょう。たとえば二要素認証（ID、パスワード以外にスマホアプリのワンタイムパスワードが必要など）を採用するのであれば、利用者自身で二要素認証のための準備が必要になります。しっかりとタスクに落としこみましょう。ネットワークレベルでの設定が必要なケースもあります（特定のIPアドレスのみアクセス可、など）。
運用設計	サービス導入後、運用し続けるにはどういった対応が必要になるかを設計します。システム面、業務面の双方の観点において、サービスに対して処理が必要な設計を行う必要があります。たとえばシステム面であれば「定期的にデータのバックアップを行う」「サービスが使えない時の代替方法を検討する」など、業務面であれば「人事異動時に社員の情報を変更する必要がある」などが考えられます。業務設計でも行いますが、運用設計の観点からも確認しましょう。誰が、どういったタイミングで、どのように実施していくのかを設計します。
導入方式	どういった方式（作戦）で導入するのかを設計します。大きくは「一括導入」と「段階導入」に分けられます。それに合わせて、業務トレーニング計画、移行リリース計画を行います。
データ移行	既存システムからサービスにデータを移行する場合、データ値のマッピングや登録方法を設計する必要があります。
告知	サービス導入に向け、利用者（顧客が利用者の場合は顧客を含む）に何かしらアナウンスが必要です。いつ、どういった内容を提示して、それを準備するには何が必要かを整理します。

COLUMN

FIT & GAP の「深さ」はどこまで実施すべきか

「2.6　サービス評価」において、FIT & GAPという手法を紹介しました。ここで現行業務を整理していますが、特にGAPとなる場合は、新業務をどのようにするかも考えることになるでしょう（そうしなければ、決定的な評価項目にならないか確認することができないためです）。

業務設計ステップでは新業務を設計しますが、もちろん、FIT & GAPで検討した新業務フローの内容も活用することになります。そうなると、「FIT & GAPの際にどこまで新業務を設計すべきか？」という疑問にぶつかります。

あるべき論で言えば「できるだけ上流で設計すべき」となりますが、それが最適かというと難しいところです。あまりに上流で設計してしまうと、もしそのサービスを利用しないとなった場合に設計が無駄になってしまいます。FIT & GAP時にどこまで実施するかはサービスを利用する確度、その時に取れる体制、使えるコストなどを鑑みながら方針を決めるしかありません。方針・判断については、最終的に責任者の承認を得ておきましょう。

　一括導入と段階導入の違いについて補足します。一括導入とは、全機能、全利用者に対して、同じタイミングで業務を開始する方式です。段階導入とは、一部機能のみ、もしくは全機能を一部の利用者に対して先行で業務開始し、安定稼働を確認してから徐々にその範囲を増やしていく方式です。一般的には、導入の規模が大きくなるほど段階導入を選択することが多いです。

　表4.2に、それぞれの主なメリット、デメリットを掲載します。

表4.2　導入方式ごとの主なメリット・デメリット

パターン	主なメリット	主なデメリット
一括導入	・設計がシンプルになる（利用状況が現新混在しないため） ・シンプルであるため、テストパターンなども減らしやすい ・結果的にスケジュールを短く引きやすく、コストも抑えやすい	・業務開始時の影響範囲が広い ・一部分にスケジュール遅延が発生しても、その部位を切り離せない（全体に影響する）
段階導入	・業務開始時の影響範囲を局所化しやすい ・対応を部分的に切り出しやすいため、スケジュール遅延や大粒課題に対して全体スケジュールへの影響を抑えやすい	・過渡期の状態の設計も必要となる ・スケジュールが長期化しやすい ・コスト増となりやすい

次に、データ移行について補足します。

既存システムのデータをサービスに移行する必要があるのであれば、どのシステムから何を移行するのかを設計する必要があります。また、そのままのデータ値で移行することができないケースもあります。たとえば、既存システムでは「直送」の意味が「1」だったのに対し、導入予定のサービスでは「5」だったりします。こうした場合は、既存のデータを変換しながら移行する必要があり、手作業では手に負えない場合は、移行用のプログラムを作るケースもあります。

COLUMN

データ移行は "超" 大変

ここではサラリと「データ移行」について触れましたが、実際にはものすごく大変な対応です。規模が大きくなればなるほど、加速度的に大変さが増していきます。

現新システムの仕様を理解し、それらの値をマッピングし、必要に応じて値を変換します。そもそも、何を持っていくか（何を捨てるか）といったデータの取捨選択も大変です。これは、関係者とのハードな交渉が必要になることが多いです。

そして、それらの妥当性の検証やリハーサルの実施も必要です。移行設計をしている間にも、追いつき開発（現新システムへのリリース内容）の捕捉が必要です。

少し古いデータ（2008年）ですが、「SAP R/3再構築の全工数に占める移行関連工数の割合」のデータをみずほ情報総研が開示しています[注4.2]。このデータによれば、「全行程の35～40%が移行関連の対応工数」とのことです。筆者が経験した大規模プロジェクトにおける移行対応についても、似たような感覚を持っています。

実は、データ移行だけでも1冊の本が書けるくらいのノウハウが必要です。ここでは「データ移行に関する対応についても、サービス導入設計と同じタイミングで進めていく必要がある」と認識してください。

注4.2 （出典）「最後の難関 システム移行　第1回 移行は全工数の4割を費やす」（実森仁志[著]／日経XTECH）
https://xtech.nikkei.com/it/article/COLUMN/20080303/295281/

　最後に、「サービス導入設計書」を関係者（業務部門を含む）にレビューし、社内で承認を得ましょう。

| Plan | Do | Check | Action |
| Plan | Do | Check | Action |

　Planで立てた計画の点検、そして必要な改善を行います。また、プロジェクト計画への反映も大切です。まずは足場をしっかりと固めて、次の工程に進みましょう。振り返り方法については、「8.6　各工程の「改善時」に検討すべきこと［Action］」も参考にしてください。

4.3.2 サービス導入設計のポイント

　サービスを利用するということは、基本的には「そのサービスに業務を合わせる」ということであり、サービスそのものに大きく左右されます。どのような点に気をつけていけば良いかを説明します。

◉ 無理に自分たちで頑張りすぎないこと

　サービスは自分たちのものではありません。どれだけ頑張っても分からないことはあります。通常、サービス提供側にて導入サポートやヘルプデスクを用意しています。必要ならば、費用をかけてでもサポートを利用するほうが結果的に対応コストが少なくなることも多いです。自分たちで頑張るコストは馬鹿になりません。

◉ 「サービス利用」の目的を忘れないようにすること

　詳細な仕様を確認していくと、現場から必ず「これは何とかしてよ」「そんなの聞いてないよ」といった不満の声が上がってきます。それらの要件にすべて対応していると、時間も費用も足りません。そもそも、なぜサービスを利用することになったのでしょうか。自社で作るよりもメリットがあるからですよね。ある程度制限が出るのは仕方ありません。サービスを利用する目的を忘れないようにしましょう。

　情シスで現場の声を捌いていくには限界があります。経営層など、組織とし

て判断できる人から、対応方針をしっかりと現場に落としてもらいましょう。

◉ 運用設計（業務面）は「1年間」をイメージすること

　企業では、たいてい1年サイクルで物事が一回りします。少なくとも1年以内に起こるイベント（たとえば人事異動、賞与支払い、決算処理、など、定期的に発生するイベント）をイメージし、どのように操作すれば良いかを設計しましょう。

COLUMN

突発的なイベントもあります

　通常、1年のどこかで発生するイベントはイメージしやすいのですが、たとえば「監督官庁から監査が入った時のみに実施する必要のあるオペレーション」といった、突発的なイベントもあります。

　こういった対応は何があるのかが管理されていれば良いですが、そうでない場合は、業務の有識者に確認するなどで漏れを防ぐしかないでしょう。こういった「突発的なこともある」ということを認識しておくだけでも、何も知らない状態とは違った結果になることでしょう。

◉ 現実的にデータ移行できるかどうか確認すること

　「現行の○○のデータを、サービスにある一括登録機能で登録しよう」といったケースはよくあります。しかしながら、それが現実的にできるボリュームなのか、作業時間的にも問題ないかといった非機能要件をしっかりと確認しましょう。たとえば、100万件のデータを半日で登録する必要がある……本当にできますか？　サービスマニュアルには、こうした制限まで開示されていないことがあるので、外部サービス担当に確認しましょう。外部サービスに影響がないように確認しながら、実際に試してみることも効果的です。

◉ 炎上に繋がる告知ミスを避けること

　利用者（顧客を含む）への告知は、一歩間違えると炎上する可能性があります。たとえば「そのサービスがなくなるなんてあり得ない！　すべてのサービスをもう使わない！」といった反応も考えられますね。そうなってしまった時にどう対応するか。場合によっては構築が必須の機能となるかもしれず、サー

ビス導入スケジュールに大きな影響を与えることになります。「最も調整が困難なもの」という認識で告知計画を立てましょう。

4.3.3 特に重要な社外要因・社内要因

サービス導入は、もちろんそのサービスにおける制約に大きく影響を受けます。そして、立ち上げ時、計画時にはお決まりで重要な「人間関係」には注意していきましょう。

⊙ 社外 外部サービス

サービスを使用するということは、そのサービスの流儀に合わせるということです。基本的に融通は利きません。どうしても必要な部分は、他サービスや自前での構築が必要になりますが、当然ながら余計な負荷が増えます。

既存の業務フローを何とかそのまま実現するのではなく、業務を変える、廃止するといった点も視野に入れて設計してください。特に、その業界にマッチ

COLUMN

野村 HD vs. 日本 IBM の判決

システム開発裁判の中でも大型の案件（約36億円の損害賠償請求）であり、判決が逆転して話題となった「野村ホールディングス＆野村證券vs. 日本IBM」のシステム開発失敗裁判。パッケージ（サービス）をカスタマイズして導入するプロジェクトでしたが、プロジェクトは失敗に終わり、その対応費用を巡る争いでした。

これは2011〜2012年に実施していたプロジェクトでしたが、2019年の一審では野村側の勝訴。しかし2021年の控訴審判決は日本IBMの逆転勝訴となり、2021年12月に野村側が上告を取り下げたことにより、決着しました。

この判決の理由は、「プロジェクト失敗の原因は、仕様凍結後も変更要求を多発したユーザ企業（野村側）にある」というものでした。仕様変更が多発し続けた原因は、「どうやって現行の業務をそのままシステム化するか？」という考えだったからのようです。この裁判は極端な例かもしれませんが、サービスを利用する意図を肝に銘じて設計するようにしましょう。

するよう作られたサービスであれば、そのサービスのやり方で業務が実現できるように考えられているはずです。「サービスに業務を合わせる」という考えで設計するほうが正しいかもしれません。

たとえば「手続きAを実施してから手続きBを実施する」という業務フローに対して、サービスが「B手続き」→「A手続き」のオペレーションをする流れで作られているとします。結果的にどちらの順番でも業務として支障がないのであれば、サービスに合わせることを第一に検討しましょう、ということです。そもそも、その業務全体で達成すべき内容は何なのか。個別の業務のみを見るのではなく、大きな視点を持ちましょう。

⊙ 社外 外部関係者

外部サービス担当者とのコミュニケーションは重要です。何より設計においては、問い合わせに対する回答結果の品質は重要であり、結果次第で設計内容がガラリと変わることさえあります。

たとえば、「○○の単位で集計するには、△△の形でデータを登録すれば良いか」と問い合わせしたとします。サービス仕様としてはそのようになるため、回答は「はい」となるでしょう。しかし、業務的には「□□のデータは除外して集計する」必要があり、それはサービスにおいても除外されるものだと（情シスが勝手に）判断していたとしましょう……これでは、上手く集計ができないですよね。

では、回答結果の品質を上げるにはどのようにすれば良いのでしょうか。それは、こちらの問い合わせ内容の背景と目的をしっかりと伝えることです。そして、確認したいことが一意になる（他の解釈ができない文章）ことを心がけましょう。

例を挙げると、「●●に使うために集計データが必要で、その内容は△△のデータのみを対象とする必要がある。そのためには、△△の形でデータを登録すれば良いか」といった形です。背景や目的を説明することにより、「●●を実施するのであれば、それは別の▲▲という機能を使うと楽に実現できます」といった、より良い回答もしやすくなるでしょう。

ただし、背景や目的をすべて伝えて良いケースばかりではありません。特に機密情報には注意してください。また、技術的な面が強い問い合わせの場合は、外部サービス担当者に依頼して技術者を連れてきてもらい、打ち合わせを行うのも効果的です。

COLUMN

レベルの高い担当者ばかりではない。
自分の身を守るべし

　問い合わせ対応はどうしても人間に依存する部分があり、いくら背景や目的を伝えたところで、必ずしも良い回答が得られるわけではありません。誤った回答がなくなることもないでしょう。しかしながら、回答の誤りは設計品質を大きく下げます。もし、回答の内容が誤っていたことにより甚大な損失が発生した場合には、最悪の場合は争いになります。問い合わせの証跡（メールなど）はしっかり残しましょう。証跡を残しておくのは、ビジネスの基本です。

◉ 社内 他案件

　社内で稼働している他案件も注視しましょう。設計内容にも影響しますし、スケジュールに影響があることもあります。

　たとえば、他案件にて社運を賭けた大きなプロジェクトが稼働していたとしましょう。そのシステムのリリース日と、担当しているサービス導入のリリース日は、通常であれば被らないようにすると思います。他案件次第では、業務部門の人的リソースも足りないかもしれません。

◉ 社内 社内政治

　新しいものを導入する時に、社内が賛成派ばかりというのは稀でしょう。しかしながら、経営層から現場まで、味方なしでは成功できるものも成功できません（「抵抗勢力」「反対派」などと言われることも多いですね）。

　単なる正論だけでは壁にぶつかることがあります。キーマンにしっかりと話を通す、代替案を用意するなど、着実に味方を増やしていきましょう。たとえば「カスタマイズ負荷から○○はできませんが、△△は何とかします。」といった手法は、筆者もよく使っていた技です。

　システム構築の本質からは離れたものかもしれませんが、システムは人間が使うものであり、人間を無視して作り上げることはできません。

◉ 社内 文化・組織・体制

　どういったプロジェクトでもそうですが、成功するための組織体制作りは大

切です。極論、正しい体制さえしっかりと作ることができれば、最善を狙うのはたやすいものです。自分事として感じてもらえるか、前向きに協力してもらえるか、これらを実現できる体制を作りましょう。

組織の作り方はさまざまですが、積極的に「現場の人たち（サービスを利用することになる人たち）を巻き込む」ことが有効です。何かしらに触れることで親近感も湧き、いざ本番利用になった時のクレームも少なくなるものです。

◉ 社内 社内ルール

外部サービスでは、社内のルールに当てはめることができないケースがよく発生します。基本的には、社内ルールを見直すことが必要になるでしょう[注4.3]。

たとえば、外部サービスへのアクセス経路。元々、業務利用システムへは業務端末からしかアクセスを許可しないルールがあるにも関わらず、外部サービスはインターネット経由でログインできてしまうといったケースです。この場合は、特例としてアクセスを認めるのか、ルール上はインターネット経由のアクセスは禁止（ログインしようと思えばできてしまう）という状態とするのか、何かしらのシステム対応をするのか、などを検討する必要があります。

4.3.4 失敗事例 バックアップレベルが社内ルールに達しておらず、追加システム開発が発生！

◉ 関連要因

社外 外部サービス

社内 社内ルール

◉ 事件の概要

ある企業では、社内ルールとして「特定のシステムがサービスダウンした場合でも、顧客からの問い合わせに迅速に回答するため、別システムでデータの参照ができるようにすること」というものがありました。

今回、新たにサービスを使うにあたって、まさにこの顧客情報を別システムで参照できるようにする必要があったのですが、この観点での対応が漏れており何もしていませんでした。結果的に、追加でのシステム開発が必要となって

注4.3　どうしてもルールに適合しない場合は、そもそもそのサービスが使えないということとになります。

しまいました。

　実は、自社システムの開発であれば、障害の発生に備えて常に別システムに自動でデータを転送する仕組みがあり、意識せずともこのルールが満たせるように整備されていました。しかしながら、サービスにおいては自社で保有するシステム基盤とは環境が異なります。自社システム開発と同様に設計すると漏れが発生します。

◉ 問題点

・サービスが社内ルールに適合しているかのチェックが漏れていた
・設計について、自社システム開発と同じようにチェックしていた

◉ 改善策

　自社システムの開発とサービス導入設計では、気にすべき観点も異なることがあります（まさに本章で述べていることです）。中でも、障害時の対応など非機能要件に関する考慮は漏れやすい傾向にあります。サービス導入設計の基本に立ち返り、やるべきことを意識して一つずつ点検していきましょう（「4.3.1 サービス導入設計の活動内容」を参照してください）。

COLUMN

サービスは本当にさまざま

　サービスと一括りに言っても、本章冒頭に述べたような「freee（フリー）」のように特定の業務に特化したサービスもあれば、「Dropbox（ドロップボックス）」などのようなインフラよりのサービス、はてはその業界標準の基幹業務パッケージサービスなど、大小さまざまなサービスがあります。もちろんその規模によって、サービス導入の工程で実施すべき対応は変わってきます。

　検討中のサービスについて、似たような形での導入事例があると非常に参考になります。外部サービス担当にもヒアリングしてみましょう。

4.4 サービス設定・確認

● 「サービス設定・確認」ステップの概要

項　目	内　容
ステップ名	サービス設定・確認
目　的	サービスの設定を実施することで、サービスを使える状態にする テストを行い、設計通りに稼働することを確認する
インプット	サービス導入設計書、サービスマニュアル
アウトプット	サービス設定値一覧（等）、テスト計画、テスト結果報告書

● 想定体制図

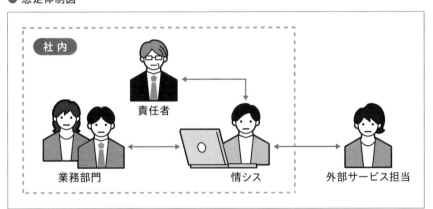

● 各担当者の活動タスク

担当者	活動タスク
情シス	・サービスへの設定　・テスト計画作成　・テスト実施 ・テスト結果報告書作成　・サービスへの問い合わせ ・業務部門との連携（計画レビュー、対応依頼、各種サポート） ・責任者への報連相
業務部門	・サービスへの設定　・情シスとの連携　・テスト実施
外部サービス担当	・問い合わせ対応　・サービスに関する情報の提示
責任者	・プロジェクト実施サポート　・最終的な判断

4.4.1 サービス設定・確認の活動内容

サービス導入設計で決めた内容を、実際にサービスに対して設定していきます。また、設定した内容が想定通りかどうかを確認します。さらに、設計通りに稼働するかどうかテストするため、テスト計画を作成します。その後テストを実施し、テスト結果報告書を作成して社内承認を得ましょう。

サービス設定〜テストの実行計画を行います。実施するタスク、スケジュール、完了条件を決めましょう（サービス設定実行計画書、テスト実行計画書）。なお、テストと言ってもプログラム開発をしているわけではありませんので、システム開発時のテストではなく、ユーザ受け入れテストイメージのテストとなります。「3.6　ユーザ受け入れテスト」の内容も参考にしてください。

・サービス設定値の設定

サービス設定設計に従って、サービスに設定していきましょう。サービスへの設定は、「今後の運用で対応する担当者」が実施するのが良いでしょう。サービス管理者画面を使うのであれば情シス、業務的に日々更新するような画面を使うのであれば業務部門、といった具合です。あるいは、初回の大量登録が必要なケースは情シスが一括登録する、といった考え方もあります。関係者と調整しながら決定してください。

・テスト実施

サービスを設定しただけでは、本当に設計している業務の動きになるかどうか分かりません。テストケースを作成し、テストを実施して確認しましょう。テストケースの確認、実施は業務部門にも確認してもらいます。テスト結果が妥当かどうかは、業務部門が確認しないと判断を誤る可能性が高いためです。

4.5 業務トレーニング　　　　4.6 移行リハーサル・移行本番

第1章
第2章
第3章
第4章
サービス導入

Plan	Do	Check	Action

Plan	Do	Check	Action

　テスト結果報告書を作成し、関係者（業務部門を含む）にレビューしましょう。特に、テストケースの網羅性については要確認です。振り返り方については、「8.6 各工程の「改善時」に検討すべきこと［Action］」も参考にしてください。

4.4.2 サービス設定のポイント

　サービスには、サービス内における「用語の意味」があります。自社で使っている用語と同じだからといって、中身も同じとだ判断すると痛い目を見ることがあります。サービスをより深く理解することを念頭に置いて、丁寧に対応していきましょう。

◉ 設定値の意味をよく理解すること

　サービスに設定する用語の意味をきちんと理解しましょう。現行システムと同様の用語、あるいは一般的な用語であっても、そのサービス上でも思った通りの意味である保証はありません。

　たとえば、タスク管理ツール「Trello（トレロ）」において、同ツールに掲載した社内情報や個人情報が誤ってインターネット上から検索できる状態になっていた、という事件がありました。これは、利用者が公開範囲の設定を「公開」にしたことが原因でした。利用者にとっては「公開＝社内に公開」である一方で、Trello側では「公開＝インターネット上からもアクセス可能」という意味だったのです（Trelloとしては仕様通りです）。この時は、運転免許証やパスポートの画像といった個人情報まで参照できる状態でした。こうした問題を防ぐには、マニュアルを参照する、実際にサービス設定して稼働確認する、サービス元に問い合わせる、といった方法で確認しましょう。

◉ 不必要な機能はオフにすること

　サービス利用しない機能まで設定する必要はありません。むしろ、不必要な機能は使えなくしたほうが、利用者の余計な混乱を回避できます。

◉ 設定した意図を残すこと

「どうしてその設定値にしたのか」といった「意図」「考え」「判断した内容（理由）」を、設定値とともに設計書に残しておきましょう。また、デフォルト値のままにした設定値についても、なぜデフォルト値のままにしたのか記録を残しておきましょう（当然、何かしらの判断があってデフォルト値のままとしているはずです）。こうした情報がないと、後々変更して良いのかどうか判断がつかなくなります。

運用フェーズに入ると、これまでの経緯を何も知らない人が見るケースも増えていきます。さらに、サービスはサービス側の都合でどんどん変更されていくこともあります。このような場合に、「○○のケースで利用する場合は△△に設定値を変えてください」とアナウンスされても、そもそも「○○のケースに該当するかどうか判断できない」という事態になります。また、変更履歴を残しておくことも大切です。

COLUMN

「意図」は本当に大切

意図を設計書に残しましょう、ということは、教科書的にはあまり言われていないことです。しかしながら、筆者の経験上、本当に大切だと痛感しています。

これは設計書に限った話ではありません。業務マニュアルやチェックリストといった、生産性や品質を上げるために均一化するためのドキュメントについても同様です。「なぜそれを実施する必要があるのか」が受け継がれていかないと、変化にまったく対応できなくなります。結果的に「もはや不要であるチェックに対し時間を使っている」「チェックはしたものの本当に押さえるべきポイントが確認できておらず、システムトラブルになる」といったことが起こり得ます。

少し話はそれますが、実施者に対して「その意図は何？」と聞くと当人の理解度を簡単に測ることができますので、お勧めの手法です。

◉ サービス側のアップデート状況もチェックすること

スクラッチ開発（自社システム）とは異なり、テスト実施中であってもサービスはアップデートされることがあります[注4.4]。

これはいかんともしがたいサービスの特性です[注4.5]。サービスはそういうものだと割り切って、テストの仕方を工夫しましょう。基本的には、変更アナウンスがあった内容に関連する部分を再確認する、といった形になります。こうした確認運用は、業務を開始してからも続くことになります。あらかじめチェック運用の方法を決めておくと良いでしょう。

COLUMN

サービスは「共用のシステム」であることに留意しよう

　スクラッチシステムとは異なり、サービスは「すでに存在していて、すぐに本物で試すことができる」便利なものです。しかし、サービスは「他の利用者が同じ環境で本番運用しているもの」という点も頭に入れておきましょう。たとえば、あり得ないほどの大量データのアップロードをテストすると、もしかするとサービスに悪影響が発生し、他の利用者に迷惑をかけてしまうかもしれません。非機能系の確認については、念のためサービス提供者に対し、実施しても問題ないかを確認しておくと安全です。

4.4.3 特に重要な社外要因・社内要因

　サービスをどこまで深掘りできるか、業務的にしっかりと判断できる体制が作れるか、調整しがたいケースも出てくると思います。できる限りクリアできるよう、対策をとっていきましょう。

⊙ (社外) 外部サービス

　どこまでテストができるかはそのサービス次第であり、何でもかんでも「テストさせろ」はお門違いです。リリース品質に重要な懸念があるのであれば、サービス側と相談するのも良いでしょう。もしくは、他に品質を担保できる方法を検討します。

　たとえば、サービスに登録した内容を出力して他システム（自社システム）

注4.4　自社システムであれば、テストするバージョンを固定してテストするのが普通でしょう。
注4.5　サービスはこのような特性があるため、カスタマイズ対応をしたとしてもいきなり動作しなくなるリスクもあります。ご留意ください。

で処理をするケースを考えてみます。こうした場合、他システムの品質確認のためにも、サービスに「業務ではあまり発生しないケース」の登録も必要になります（他システムのプログラム動作確認のため）。わざとエラーを発生させることは通常のオペレーションでは難しいかもしれません。そのようなケースでは、たとえば、サービス提供者にテストデータの提供を依頼する、といった方法が考えられます。

◉ 社内 文化・組織・体制

　業務的な内容をしっかりと確認する必要があるステップです。そのため、当然「現場の業務をしっかりと分かっている人」を体制に組み入れる必要があります。

　実際には、業務部門が非協力的なこともあります。理由はさまざまですが、忙しいのでシステムのことは任せます、というケースが多いでしょうか。しかし、このステップを過ぎた後で大きく変更することは基本的には難しいと考えてください。変更するには手戻りも大きくなります。これを業務部門にもしっかりと理解してもらい、業務部門の承認を得て次のステップに進むようにしましょう。

4.4.4 失敗事例 計算方法が異なるため、算出結果が以前と変わってしまった！

◉ 関連要因

　社外 外部サービス

◉ 事件の概要

　レジのシステムを、自社システム（現行システム）からサービス利用（新システム）に変更しました。サービスインしたところ、商品を複数個同時購入した時の値段が以前と異なる、というクレームが発生しました。確認すると、どうやら端数（小数点以下）の切り上げ・切り捨ての処理をするタイミングが現行システムとは異なり、その結果、以前とは異なる合計金額になることが分かりました。法律上は現新どちらの計算方法でも問題ないため、大きなトラブルには発展しませんでしたが、事前に顧客に告知しておくべき内容でした。

◉ 問題点

・テストケース不足

・サービスそのものの処理結果が現行と比較してどうなのか、といった観点でのテストができていなかった

◉ 改善策

　サービスの通常処理についても、テスト（検証）を行うようにします。テスト観点の一つとして漏れないようにしましょう。現行システムからサービスに移行する場合は注意が必要で、両者の間で細かな処理結果の違いが出てくることは十分にあり得る話です。結果が異なるポイントは、告知内容にも影響してくるため重要です。

　現実的には、通常パターンをすべて確認する余力はない場合もあり得ます。コスト削減を狙ってサービス導入を実施するはずが、サービスそのものに対するテストをすべて実施していてはコストに見合わないなどです。こうした場合は、「顧客に影響を与えかねない業務」「この処理結果が異なると他への影響も大きい」など、重要性を鑑みてケースを作成します。もちろん、考え方やリスクについて業務部門としっかりと認識を合わせましょう。

　重要性が高い内容に関しては、「2.6.1　サービス評価の活動内容」における「4. 現行業務と比較する」でのFIT&GAPで確認できていることが望ましいです。上流工程で検知できるに越したことはありませんが、現実問題、100点のFIT&GAPを行うことも難しいでしょう。当ステップでもサービス挙動（システム的な動作）の確認を行い、流出を防止しましょう。

COLUMN

関連システムがある場合の確認は大変

　業務で未使用のサービスの動作確認だけであれば比較的シンプルなテストになりますが、サービスと連携するような関連システムがあると、とたんに大変になります。これは、システム同士を接続する場合も、オフライン接続（例：サービスからファイルを出力し、別システムにそのファイルを画面から取り込む）の場合も同様です。

　関連システム側は本番環境となりますので、テストデータを取り込んだ時の影響確認などを実施する必要があります。また、開発環境を使用した場合は、データの整合性に関する問題が発生しやすいです。確認したい観点を整理した上で、しっかりと確認していきましょう。

4.5 業務トレーニング

● 「業務トレーニング」ステップの概要

項　　目	内　　容
ステップ名	業務トレーニング
目　　的	トレーニングを実施することで、サービス導入後に滞りなく業務ができることを確認する 利用者のサービス習熟度（操作や理解）を向上する
インプット	サービス導入設計書、サービスマニュアル
アウトプット	業務マニュアル

● 想定体制図

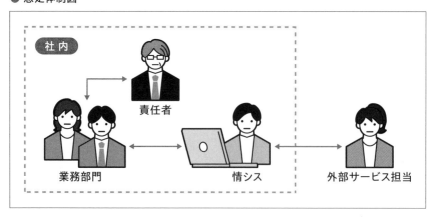

● 各担当者の活動タスク

担当者	活動タスク
情シス	・トレーニング環境準備　・サービスや関連システム稼働確認 ・サービスへの問い合わせ ・業務部門との連携（インプット情報連携、各種サポート）
業務部門	・業務トレーニング準備（業務マニュアルの作成やトレーニングの実施手順） ・情シスとの連携　・業務トレーニング実施　・責任者への報連相
外部サービス担当	・問い合わせ対応　・サービスに関する情報の提示
責任者	・プロジェクト実施サポート　・最終的な判断

4.5.1 業務トレーニングの活動内容

　サービス導入後に滞りなく業務をできるようにするため、トレーニングマテリアルや業務マニュアルを作成し、実際の利用者にトレーニングを行います。活動内容は「3.7　業務トレーニング」と同様ですので、そちらを参照してください。本節ではサービス導入ならではの注意すべきポイントを解説します。

4.5.2 業務トレーニングのポイント

　業務トレーニング時においても、外部サービスの仕様は要チェックです。

◉ 制約をしっかりと確認して伝えること

　本番開始前の状態であり、また、本番では使わないような時間帯にトレーニングを行うこともありますので、いろいろな制約が発生します。たとえば、サービスを利用できる時間帯、本番同様の設定がまだできないことによる業務制約、データ投入量の制限、他システムとのデータ連携などです。さらに、スクラッチシステムとは異なり、サービスは自分たちの都合だけでは調整できません。基本的には、サービスの流儀に則ってテストを実施していくことになります。

　こういった制約を、業務トレーニングを実施するメンバに正しく伝えることが大切です。**業務トレーニングは、今までの設計では検知しきれなかった、現場ユーザが利用する際に生じる問題点を発見するチャンス**でもあります。制約なのか、正式な挙動なのか、その判断がつかないと、せっかく発見した問題も見落としてしまうことになります。

◉ サービス利用料金に注意すること

　業務トレーニングが目的とはいえ、サービスを利用していることに変わりはありません。サービス利用料金の体系には注意しましょう。通常の業務では発生しないような大量のデータを確認のために投入する場合、もし伝送量が従量課金だとすると、利用料金に大きな影響が出るケースも考えられます。

◉ サービスマニュアルに頼りすぎないこと

　基本的に、サービスにはマニュアルが準備されています。しかし、このマニュアルはあくまでも「そのサービスにおける一般的な使用方法」に過ぎません。

実際の業務にそのまま使えるケースは少ないでしょう。

　サービスマニュアルをそのまま利用者に提示した場合、「相当な手抜き」と見られてしまい、社内に多くの敵を作ることにもなりかねません。どのようなレベル感で業務マニュアルを作成するかは、現場を見据えながらよく考えましょう。

4.5.3 特に重要な社外要因・社内要因

　業務トレーニングだけあって、どこまで業務部門に主体性を持ってもらえるかが大切です。

⊙ 社外 外部サービス

　業務トレーニングにおいても、当然ながら外部サービスそのものの仕様・制約に影響されます。「4.5.2　業務トレーニングのポイント」でも挙げた通りです。

⊙ 社内 文化・組織・体制

　業務トレーニングでは、実際に業務で使うメンバが操作を行います。この時のトレーニングの出来次第で、本番導入時の業務リスクや、現場からのクレームの度合いが異なってきます。原則として、業務でサービスを使用するメンバ全員がしっかりと触れられる体制を整えることが大事です。

　こうした体制を作れないこともあるかもしれません。しかし、サービスを導入したら必ず使うことになるものですから、どこかでトレーニングは必要になります。それであれば、サービス導入よりも前にしっかりと実施するほうが、何か問題があった時の影響を小さくすることができ、結果的に効率も良くなります。トレーニング実施に抵抗する組織体があれば、こうした点も頭に入れて説得していきましょう。

4.5.4 失敗事例 大人数で業務トレーニングを開始したところ、サービスにアクセスできず！

⊙ 関連要因

　社外 外部サービス

◉ 事件の概要

　業務トレーニングを実施するタイミングを決めて開催したところ、通常の業務利用では発生しないレベルのアクセス過多が発生してしまい、ログインできない状況に陥りました。通常の業務であればログインする時間はバラけるのですが、業務トレーニングで特定の時間に集中してしまったのが原因です。

　その場で対処できる内容ではなかったため、業務トレーニングはごく一部の部分的な実施となってしまいました。業務トレーニングのために休日出勤体制まで組んでいたものがほぼ実施できず、大きな休日出勤コストが発生してしまいました。

◉ 問題点

・業務トレーニング実施において、非機能に対する確認や対策が不足していた
・実施できなかった時の考慮が不足していた

◉ 改善策

　業務トレーニングで発生する特有の事象を洗い出し、問題がないかを確認します。特に、多数の人間が動く必要があるタイミングでの問題発生は影響が大きいです。机上だけでは不安、問い合わせに対するサービス側からの回答では不安といった場合は、ツールを用意して事前に試してみる（近い状況を作り出してみる）など、できる対策は講じておくのが良いでしょう。対策を講じるべきかどうかは、準備コストと実施失敗コストの兼ね合いでの判断になることが多いです。

　また、それでも上手くいかなかった時のために、待ち時間を無駄にしない工夫があるとより良いです。たとえば、トレーニング用動画の再確認、導入するサービスに詳しい者が周囲に説明する時間にあてる、などです。

4.6 移行リハーサル・移行本番

●「移行リハーサル・移行本番」ステップの概要

項 目	内 容
ステップ名	移行リハーサル・移行本番
目 的	リハーサルを行い、万全の体制でサービス導入に向かう サービス導入を完了し、業務を開始する
インプット	プロジェクト計画書、サービス導入設計書
アウトプット	移行リハーサル・移行本番計画書、完了報告書

● 想定体制図

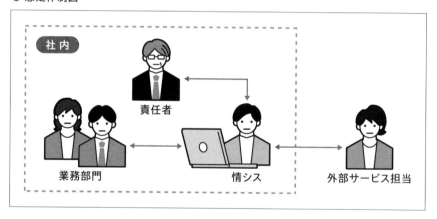

● 各担当者の活動タスク

担当者	活動タスク
情シス	・移行リハーサルの準備、実施　・移行本番の準備、実施 ・サービスへの問い合わせ ・業務部門との連携（移行リハーサル、移行本番実施） ・責任者への報連相　・サービス契約
業務部門	・情シスとの連携（移行リハーサル、移行本番実施）
外部サービス担当	・問い合わせ対応　・サービスに関する情報の提示 ・サービス契約
責任者	・プロジェクト実施サポート　・最終的な判断

4.6.1 移行リハーサル・移行本番の活動内容

　移行本番を滞りなく実施するために、移行リハーサルを実施します。そして、いよいよサービス利用開始となる移行本番です。活動内容は「3.8　移行リハーサル・移行本番」と同様ですので、そちらも参照してください。本節ではサービス導入ならではのポイントを解説します。

4.6.2 移行リハーサル・移行本番のポイント

　サービスが、本番業務を開始できる状態になっているかどうかに注意しましょう。

◉ 設定値変更の有無は必ずチェックすること

　移行本番時にようやく、設定値を本番の値に変更することはあるでしょう。他システムとの接続開始もこのタイミングになることが多いです。このように、変更が必要なものが漏れないようにしましょう。今一度、サービス導入設計書の設定内容通りになっているかを点検します。各設定担当者への最終確認も有効です。

◉ 本番データの妥当性もチェックすること

　業務トレーニングを実施するために整備したマスタデータなど、情報は正しい状態になっていますか。当時の部署情報のままであったり、現行システムでは更新されているのにサービス側への反映が漏れていたり……。すでに設定済みだと考えているデータについても、最終確認を怠らないようにしましょう。

　なお、こういったケースは「現行システムの最終状態をもう一度反映する」「テストなどで設定したタイミングから、現行システムでの追いつきを管理してサービス側に反映していく」のいずれかで対応することが多いです。

◉ 契約を忘れないこと

　サービスとの契約方法次第ですが、本番業務開始時点からサービスとして契約が必要になるパターンもあります。テストモードのまま移行本番を行ったため実質的に業務ができない、あるいはサービス利用規約違反となってもめ事に発展しないように、契約内容の最終確認を実施しましょう。

第1章

第2章

第3章

第4章　サービス導入

173

旧システムの契約終了にはご注意を

　新サービスが無事に導入完了したら、旧システムは廃止する……それは
そうなのですが、あまりに早いタイミングで旧システムを廃止すると困る
こともあります。たとえば、新サービスで業務を開始してしばらくしてか
ら、旧システムにあったデータが不足していることに気がついた場合、旧
システムがなければデータが欠落してしまうことになります。

　監査などの対応についても注意が必要です。「1年間の操作ログを確認し
たい」といったケースで、その1年間に旧システムでの業務が含まれてい
たら……「もう分かりません」と答えるのはつらいものがあります。本当
に旧システムのすべてを廃止して良いのどうか、吟味した上で決定してく
ださい。

4.6.3 特に重要な社外要因・社内要因

　ついに、サービス導入に向けた移行ステップになります。今一度、周りの状
況を点検しましょう。

⊙ 社外 **外部サービス**

　いざ移行しようとしても、サービス側の制約・都合もあります。たとえば、
大量のデータを登録しようとしたら1日に登録できる数に制限があった、移行
日はサービス側のシステムメンテナンス日だった……などといった事態も起こ
り得ます。外部サービスの仕様、動向についてはしっかり確認しましょう。外
部サービス側にこちらの計画を伝えるのが一番話が早いです。これは、関連す
るシステム（接続する既存のシステムや外部サービスなど）に関しても同様で
す。

⊙ 社内 **他案件**

　他案件の最新状況もしっかり確認しましょう。別プロジェクトの大型リリー
ス日とバッティングしている、データ移行元のシステムに大改修が入っていた、
などは十分に起きる可能性があります。

4.6.4 失敗事例 データクリーニング範囲に漏れが！テストデータが残ったまま業務開始

◉ 関連要因

（社外）外部サービス

◉ 事件の概要

　移行本番において、既存のデータをすべてサービス側に移行しました。しかしながら、業務を開始したところ集計結果がおかしいことに気がつきます。原因を調査すると、リハーサル時のテストデータが残った状態になっていたことが発覚しました。リハーサル後にサービスのデータクリーニングを実施したはずが、そのクリーニングの範囲から当該データが漏れていたのです。

◉ 問題点

・データクリーニングの検証ができていない
・移行後のデータ検証が足りていない

◉ 改善策

　リハーサルで投入したデータの管理、ならびにそのクリーニング方法を整理します。クリーニング方法が妥当かどうかは、サービス側に確認することが望ましいでしょう（消したつもりが消えていない可能性もあるため）。特にサービスにおいては、データベースを直接確認できない場合がほとんどです。どのようにクリーニングして、どのように検証するかの作戦は大切です。

　また、移行後の確認（移行作業後〜本番業務開始前まで）において、データの妥当性をきちんと検証しましょう。この事例は、移行したデータとサービスでの集計結果が同じであることを確認していれば防げたはずです。「データ各項目の検証」「データ件数の検証」「合計値の検証」は基本的な検証方法です。

第1章
第2章
第3章
第4章 サービス導入

本番環境をテスト前に戻すのは本当に難しい

筆者にも、本番環境でテストをした後に元の状態に戻しきれておらず、本番業務開始後にシステムトラブルが発生したという経験が何度もあります。もちろん、その都度再発防止策を実施していくわけですが、それでもゼロにはなりません。それは、「ボタン一つ押せばテスト実施前に戻せる」といった簡単な対応ではないためです（もちろん難易度については、戻すための仕組みの有無なども関係してきます）。

特にスクラッチシステムの場合は注意しましょう。プログラムを元の状態に戻す、データベースを元の状態に戻す、といった作業は比較的実施しやすいですが、インフラ面（サーバやネットワーク設定など）の戻しは多くの手作業が必要となる場合があります。

スクラッチシステムにおいては、こうした作業は開発ベンダに依頼することがほとんどかと思います。「元の状態に戻すことは難しい」という認識を持った上で、情シスとして必要なポイントをしっかりと確認するようにしてください。

4.6.5 失敗事例 データ移行が終わらない！しばらくの間業務が煩雑に

⦿ 関連要因

社外 外部サービス

⦿ 事件の概要

新たなサービス導入時に、現行システムから新サービスにデータを移行する必要がありました。何を移行すべきかしっかりと設計できており、現行システムからの出力方法、新サービスへの登録方法もテストを実施し、問題ないと判断できています。

今回は比較的シンプルな移行作業であるため、移行リハーサルは実施しないこととし、移行本番を迎えました。移行のために土日はシステムを計画停止しました（＝作業可能時間帯）。

いざ新サービスへのデータ移行を開始したところ、新サービスへのデータ転

送速度が遅すぎて、大量データがアップロードできないという問題が発生。結果的に、予定していた新サービス開始までにすべてのデータ移行が終わりませんでした。新サービスのメイン業務は使える状態になっていたので、「一部のデータは現行システムを参照して業務を行う」という制約付きで新サービスを使い始めることになりました。

なお、転送速度が遅かった原因は、社内ネットワークの設定に問題があったためでした。

⦿ 問題点

・非機能要件に対する認識、テスト不足
・本番同様のインフラ環境で、本番同様のボリュームを使ったテストができていなかった

⦿ 改善策

移行作業のオペレーション難易度だけで、移行リハーサルの要否を決めてはいけません。一般的に、移行作業は時間の制約があることが多いです。さらに、予期せぬ事象が発生して、その判断に時間がかかることも十分あり得ます。こうした運営面も含めて、移行リハーサルの実施要否を判断してください。

また、移行における非機能要件（特に性能）に関しては、必ずどこかのタイミングで確認しましょう。システムにおいては、「データボリュームと処理時間が比例する」とは限りません。何かの閾値を超えたとたん、処理が終わらないこともあります。

しかしながら、サービスによっては非機能要件のテストをしっかりさせてもらえないこともあります。こうしたケースでは、以下のような作戦も考えられます。

・移行時に必要なデータボリュームを減らす（事前に移行できるデータは移行しておき、どうしても切り替え時に実施せざるを得ないデータのみに絞る）
・移行しきれなかった前提で業務を組み立てておく

177

4.7 この章のまとめ

　サービス利用は、システムを作っていく手間は少ない半面、「自由が利かない」という点を強く意識しなければなりません。一方で、サービスは運用面も含め、情シスの負荷を大きく下げ、コストも下げられる可能性を秘めています。サービス枠組みの中で有効に利用できるよう、腕をふるってください！　各ステップのポイントを表4.3にまとめます。

表 4.3　各ステップのポイントまとめ

ステップ名	ポイント
プロジェクト計画	（「3.2.2　プロジェクト計画書作成のポイント」を参照）
サービス導入設計	・無理に自分たちで頑張りすぎないこと ・「サービス利用」の目的を忘れないようにすること ・運用設計（業務面）は「1年間」をイメージすること ・現実的にデータ移行できるかどうか確認すること ・炎上に繋がる告知ミスを避けること
サービス設定	・設定値の意味をよく理解すること ・不必要な機能はオフにすること ・設定した意図を残すこと ・サービス側のアップデート状況もチェックすること
業務トレーニング	・制約をしっかりと確認して伝えること ・サービス利用料金に注意すること ・サービスマニュアルに頼りすぎないこと ・（「3.7.2　業務トレーニングのポイント」も参照）
移行リハーサル・ 移行本番	・設定値変更の有無は必ずチェックすること ・本番データの妥当性もチェックすること ・契約を忘れないこと ・（「3.8.2　移行リハーサル・移行本番のポイント」も参照）

第 5 章

保守

5.1 「保守」とは

「保守」とは、システム開発もしくはサービス導入の完了後に実施するフェーズです。簡単に言うと、できあがったシステムを少しずつ利用者の要望に合わせて変更していくフェーズになります。利用者のニーズは多岐にわたるのですが、リソースは限られているため、業務上の重要性やコストなど何らかの優先順位を付けて対応する必要があります。

「保守・運用」などと一括りで語られてしまうことが多いですが、本書では「システムを稼働し続けるために」必要な対応を「運用」と定義し、保守とは分けて整理しました。運用については「第6章　運用」を参照してください。

5.1.1 鳥瞰図における位置付けと内容

鳥瞰図における本フェーズの位置と、その中のステップについて説明します（図5.1）。

図5.1　保守フェーズの位置付け

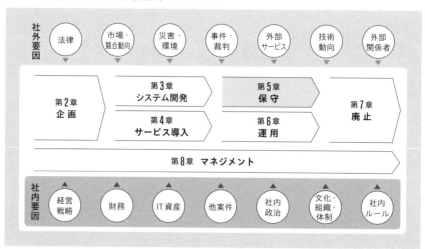

保守全体を設計する「保守の全体設計」、開発ベンダと保守契約を締結する「保

5.4 優先順位付け・案件実施　5.5 評価・改善

第1章
第2章
第3章
第4章
第5章
保守

守契約の締結」、どの案件から着手すべきかを整理・優先順位付けした後、案件を実施する「優先順位付け・案件実施」、保守の一連の対応を振り返る「評価・改善」などさまざまな工程に細分化しています。

　本書では、PDCAのそれぞれについて各節が図5.2のように対応します。

・Plan：「5.2　保守の全体設計」「5.3　保守契約の締結」
・Do　：「5.4　優先順位付け・案件実施」
・Check・Action：「5.5　評価・改善」

図 5.2　保守フェーズのステップ

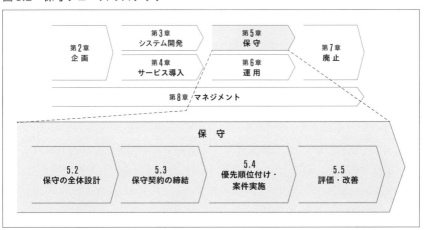

　各ステップの概要は以下の通りです。

◉ 5.2　保守の全体設計
　保守は、年単位や四半期単位などの切れ目で、ざっくりでも良いので全体を設計することが非常に重要です。筆者は、ある一定の期間を切り取り、保守も一つのプロジェクトとして扱うべきだと考えています。全体設定を行わないと属人的な保守になってしまい、保守性の低下を引き起こす可能性があります。

◉ 5.3　保守契約の締結
　そもそも、開発ベンダに保守を実施してもらうためには、発注者と開発ベンダが保守契約を締結することが必要です。保守契約を締結するにあたっては、**開発ベンダの作業スコープを明確にすること**が重要です。影響調査や不具合の

修正だけなのか、それともシステム改修まで行うのか、などです。それを踏まえた上で契約を行わないとトラブルの原因になります。

　加えて発注者側としては、どのような案件がいつ発生するかを予測し、明確に開発ベンダに伝えることが重要です。これは、人のアサインや開発ベンダ側の人材育成計画などに影響する可能性があります。

⊙ 5.4　優先順位付け・案件実施

　業務部門は、「システム改修はすぐに可能」と考えている場合が多いです。加えて、実施したい案件の数も多く、改修案件の収拾がつかなくなる可能性があります。

　上記を踏まえて、「業務上の優先度」「開発工数・コスト」「案件の難易度」などの判断軸をもとに、定期的に優先順位を付けたり棚卸ししたりすることが非常に重要です。ユーザ側の優先順位も、時間とともに変わる可能性があります。

　案件の整理が完了した後は、いよいよ案件を実施していきます。基本的には「第3章　システム開発」「第4章　サービス企画」の流れに沿って対応していきます。しかしながら、この流れをすべて実行するのは過剰な場合もあります。保守規模を鑑みて、必要に応じて工程や成果物を取捨選択しながら対応していきます。

　また、保守は生産性を上げやすい工程でもあるので、常に効率化を考えて工夫しながら推進しましょう。

⊙ 5.5　評価・改善

　保守の全体設計と照らし合わせ、評価を行いましょう。そして、もし改善したほうが良いポイントがあれば改善します。保守を実施すると、必ず品質問題に直面します。どうすれば品質が良くなるのかを振り返りながら対応しましょう。

5.2 保守の全体設計

● 「保守の全体設計」ステップの概要

項　目	内　容
ステップ名	保守の全体設計
目　的	保守全体を設計し、保守を円滑に回せるように計画を行う
インプット	システムの保守状況
アウトプット	保守全体設計書

● 想定体制図

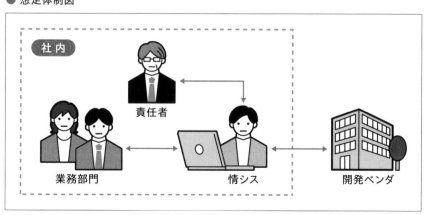

社内

責任者

業務部門　　情シス　　開発ベンダ

● 各担当者の活動タスク

担当者	活動タスク
情シス	・保守全体設計書の作成　　・全体設計書をもとにした評価計画 ・業務部門との連携（計画レビュー、対応依頼、各種サポート） ・責任者への報連相
業務部門	・保守全体設計書の確認
開発ベンダ	・情シス部門とともに全体設計の実施
責任者	・プロジェクト実施サポート ・最終的な判断

5.2.1 保守の全体設計の活動内容

先にも触れた通り、年単位や四半期単位などの切れ目で、まずどのように運営していくか保守の全体設計をすることが重要です。

保守の全体設計として実施すべき内容を表5.1にまとめました。全体設計を行わないと全体像が見えず、属人的な保守になってしまい、保守性の低下を引き起こす可能性があります。

保守も、**ある一定の期間を切り取ればプロジェクトと見なすことができます。**プロジェクトと見なせば、管理が非常にやりやすくなります。保守もしっかりとマネジメントをすることが重要です。

表5.1 保守全体設計書の要素例

要素	内容
本書の目的	全体設計書を記載する目的を整理します。
対応スコープ	全体設計書のスコープを定義します。
前提条件・制約条件	前提や制約があれば明記します。
保守案件概要	どのような案件が今年度に見込まれるか、その案件に対してどのような人材のスキルセットがあれば問題ないのかを記載します。
人材育成・調達計画	どのメンバのどのスキルを伸ばすために、どのような案件を実施するのかを計画します。また、人員調達の計画についても記載します。
パートナー戦略	将来も見据えて、開発ベンダとどのように付き合っていくかの戦略を決めます。新たな開発ベンダを探す、付き合いをやめる、重要パートナーとして育成する、などです。
工数・予算	保守全体の工数や予算はどの程度あるのか、その大まかな配分について記載します。
品質管理	保守案件の品質を向上させるためにどのように管理をすれば良いかを記載します。
会議体	どのユーザと接点を持てば良いのか、また、ユーザ要望の吸い上げ方やユーザとの定例会をどのように実施すべきかを記載します。
ドキュメント定義	保守で新規作成すべきドキュメントや、更新すべきドキュメントは何かを具体的に定義します。
マスタスケジュール	保守対応のスケジュールを記載します。
保守体制図	活動体制や関係者を記載します。
案件管理方針	案件全体を具体的にどのように管理していくかといった、全体ルールの策定をします。

上記の全体設計書を作成した後は、評価するための評価計画を準備します。KPI（Key Performance Indicator：重要業績評価指標）を決め、それに対して実績がどうだったのか、その理由や対応策を考える方法が実践しやすいでしょう。この評価では、全体だけでなく、個々の対応についても評価するようにします。

5.2.2 保守の全体設計のポイント

全体設計はその名の通り、保守全体をどう推進していくかの全体感を設計します。大きく「人」「物」「工数・予算」の観点で、どのように推進していくのかをざっくりと計画しましょう。

◉ 人員の育成にも焦点を当てること

保守は、ただ案件をこなしていくだけではなく、人員の育成という観点にも焦点を当てましょう。新規システム構築と違い、工数や規模も保守のほうが少ない場合が多いことから、新人教育の場として保守案件が活用されることがあります。各個人のスキルリストと照らし合わせて、どの案件を誰に割り振れば、欲しい能力を伸ばすことができるかを検討しながら推進しましょう。

◉ どのユーザと接点を持つかを定義すること

今後システム改修を行う中で、どの業務部門のどのユーザを巻き込んで要望を吸い上げていくのか、しっかり定義することが重要です。たとえば営業部門と管理部門の両方が使うシステムについて、管理部門からしか意見を聞かなかったとしたらどうでしょう。かなり制約に縛られたシステムになり、営業部門にとっては非常に使いにくくなってしまいます。

また、後々になって別のユーザにより話がひっくり返されてしまう可能性もあります。保守においては、どの業務部門のどのユーザと接点を持つ必要があるかしっかりと定義しましょう。

◉ 開発ベンダが何をどこまで行えば案件完了なのか定義すること

保守では、さまざまな案件を実施していくことになります。それぞれの保守の進め方や、何を作成すれば保守が完了するのかを定義することが大事です。ここがぶれてしまうと、保守に統一のルールが無くなり、ドキュメントが更新されずにそのまま放置されてしまうことがあります。また、保守でやるべきこ

とがきちんと完了しているのかどうか、発注者側が確認することが重要です。

5.2.3 特に重要な社外要因・社内要因

　保守の全体設計においては、その設計を実施するための「人」「物」「工数・予算」の視点で問題がないかを確認することが大事です。これらを把握しないまま保守を実施すると、思わぬところで失敗する可能性があります。

◉ 社内 財務

　会社の財務面は非常に重要なので、確認する必要があります。財務面に応じてシステム投資も変わってくるため、実施できる案件数が変動する可能性があります。

◉ 社内 IT資産

　前述した通り、保守で更新すべきドキュメントをしっかり定義しましょう。定義を疎かにすると、ドキュメントがまったく更新されないまま何年もその状態が継続することになります。

◉ 社内 他案件

　自システムだけでなく、他のシステムで対応中の案件をきちんと把握しながら保守を行うことが重要です。他案件において、システム改修やテストの依頼が急遽舞い込んでくることがあります。それらを横目で見ながら確認し、何か自分のシステムにも影響しそうなことがあれば、案件の責任者に確認しましょう。

◉ 社内 文化・組織・体制

　全体設計を実施する上で、「人」の視点は非常に重要です。案件がたくさんあったとしても、それをこなせる人がいなければ失敗してしまいます。人が足りない場合は、どの程度足りないかを上長に伝え、必要な人員を調達してもらいましょう。

5.2.4 (失敗事例) 保守で更新すべきドキュメントが明確化されていない！

◉ 関連要因

(社内) IT資産

(社内) 文化・組織・体制

◉ 事件の概要

　システムの新規構築時に納品された設計書などのドキュメントが、保守フェーズに入ってから長い間ずっとメンテナンスされていませんでした。その結果、保守性の低下を引き起こすことになり、必要以上に調査工数がかかってしまったり、設計書に載っていないロジックのせいでバグを埋め込んでしまったりと、さまざまなところに影響を及ぼしてしまいました。

◉ 問題点

・そもそも、保守でドキュメントを更新することが認識されていなかった

・どのドキュメントを更新すべきか定義されていなかった

・開発ベンダだけでなく、発注者側もドキュメントについて確認を行っていなかった

◉ 改善策

　新規構築時に納品されたドキュメントを確認し、保守案件が発生した際に、具体的に何をどう更新すべきかきちんと定義することが改善策になります。場合によっては、新規構築時にはなかった「一覧系のドキュメント」などを追加する必要があるかもしれません。また、他のシステム案件も参考にしながら定義することが非常に大事です。

5.3 保守契約の締結

●「保守契約の締結」ステップの概要

項 目	内 容
ステップ名	保守契約の締結
目 的	事業会社と開発ベンダが契約を締結し、保守を実施できるようにする
インプット	保守全体設計書
アウトプット	締結済の保守契約書

● 想定体制図

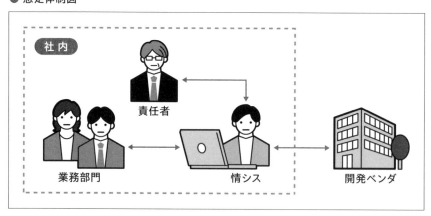

● 各担当者の活動タスク

担当者	活動タスク
情シス	・契約の締結 ・責任者への報連相
業務部門	・必要に応じて情シスの質問事項に回答
開発ベンダ	・契約の締結
責任者	・契約締結に向けたサポート ・最終的な判断

5.3.1 保守契約の締結の活動内容

　システムに問題が発生した場合や、当初のシステム内容の改良を求めたい場合、開発ベンダとシステム保守契約を締結することがあります。保守契約においては、「単価×契約工数」の準委任契約で締結することが多いです。

　保守契約内で賄えないような大規模な案件が発生した場合は、別途見積もりを行い、個別に契約することもあります。個別に契約した案件については、別途プロジェクト化して推進していくことが多いでしょう。過剰に保守契約の体制を取ると、それはそれでコスト高になるため注意が必要です。

5.3.2 保守契約の締結のポイント

　契約は「内容を明確にする」ことが非常に大切です。

⦿ 具体的な保守範囲を可能な限り明確にすること

　保守範囲を明確にし、それを開発ベンダとすり合わせ、合意することが最も重要です。必要に応じて業務部門ともすり合わせてください。具体的な作業範囲が不明確だと、後々のトラブルの元になってしまいます。下記の点を押さえておきましょう。

・保守の対象となるシステムや業務範囲
・保守の対応には、サーバやネットワークなどのインフラ部分も含まれるのか
・具体的な保守の時間は土日や祝日を含まないのか
・障害が発生した場合、夜間でも駆けつけて対応する必要があるのか

COLUMN

スコープが曖昧な契約書は情報が足りていない

　そもそもスコープが明記されていない契約書なんてあるわけがない、と思いきや、実はよくあります。「本件システムの保守・運用を行う」程度の単純な記載というケースです。契約書は、実施内容を明確にし、合意したことを約束するためのドキュメントです。なるべく具体的にスコープは明記することが重要です。後で痛い目にあうのは自分たちですから……。

◉ どの会社と保守契約を結ぶのか慎重に判断すること

システム開発完了後に、保守契約をどの会社と結ぶのかも重要です。開発ベンダと保守ベンダを別にした場合、保守ベンダがシステムそのものについて十分な知識を有していないこともあります。結果として、システム構造の理解に時間がかかり、対応が遅れることになります。

また、保守にあたっては、**事業会社側がプログラムを複製、翻案、改変する権利を有しているのかどうかも確認**する必要があります。権利を有していない場合、権利所有者から買い取るか、権利所有者に改変をお願いすることになります。

◉ 中途解約に関する条項を明記すること

システム保守契約は継続的な契約であり、たとえば1年といった契約期間を定めるのが通常です。しかしながら、契約期間の途中でも解約したいケースはあり、その場合にそもそも解除ができるのか、できるとしても損害が発生しないか（賠償の必要があるか）といった問題が生じる可能性があります。情シスとしては、中途解約に関する条項をしっかりと確認しておく必要があります。

◉ 保守契約料金が見合っているかを確認すること

システム保守の料金にはおおよその相場があります。年間保守費用としては、システムを構築した際にかかった初期費用の15%あたりが目安だとされています[注5.1]。システム構築に1億円かかったとすれば、年間1500万円が保守料金となる計算です。この数字はあくまで目安になります。金額は契約に何を盛り込むかによってもちろん増減します。

そもそも、提示された見積額がこの範疇に収まっているかどうかは、業務範囲が明確でなければ判断できません。料金が業務に見合っているかどうかをはっきりさせるためにも、対象業務の明確化は大切な要素なのです。

注5.1 参考：システム保守の費用相場って？ 保守内容を理解して適正価格を知ろう【2022年最新版】
https://imitsu.jp/matome/web-system/2433151582494811

保守契約を削りすぎると……

　保守契約を行い、それに見合った保守案件を実施していかないと、会社として保守契約枠が減らされてしまいます。保守量が少ないと、開発ベンダ側も体制が維持できず、有識者がいなくなってしまうリスクがあるので、あまりギチギチに保守工数を絞りすぎるのも良くありません。

5.3.3 特に重要な社外要因・社内要因

　契約の締結においては、法律が定期的に変わる可能性があるため、特に法律を意識することが重要です。

⊙ 社外 法律

　契約自体に関する法律も変わる可能性があります。たとえば、民法において瑕疵担保責任について規定されていますが、2020年4月1日から施行された改正民法では、瑕疵担保（改正法では「契約不適合」）責任の追及ができる期間が変更され、原則、契約不適合（瑕疵）を「知った時」から1年以内に通知をすれば良いという形に変わりました。このように、契約自体に関する法律も変更になるため、よく確認する必要があります。契約に関しては「2.5　提案書評価・契約」についても参考にしてください。

⊙ 社内 他案件

　他の保守案件や、他のプロジェクトの影響で、自身が保守しているシステムの改修案件に発展しないか確認が必要です。他プロジェクト側から伝えてもらうのが一番良いのですが、ポテンヒットが生じている可能性もあります。もし、自システムに影響がありそうな案件を察知した場合は、影響がないか能動的に確認してみましょう。

⊙ 社内 文化・組織・体制

　引き継ぎの説明などがなく、前任者が残していたものをそのまま受けとる。こうした文化がまかり通っている組織では、特に注意が必要です。なぜなら、今まで実施してきたことが正しいとは限らないからです。「前任者がやってき

たから……」とそのまま何もせずに使い回していると、問題が発生した時に痛い目を見ることがあります（後述の失敗事例も参照してください）。

5.3.4 　失敗事例　保守契約における営業日の定義が曖昧で障害対応をしてもらえず！

◉ 関連要因

　社内　文化・組織・体制

◉ 事件の概要

　保守契約の中で、障害対応について「営業日」という記載が盛り込まれていました。これは契約書の中で、今まで変更したことがない部分であり、過去ずっと同じ記載でした。

　ある日システム障害が発生したため、開発ベンダに対応を依頼したところ、「非営業日なので保守対応外」と断られてしまいました。開発ベンダは設立記念日で非営業日だったのです。翌営業日に対応することになったのですが、システム障害が解消するまで利用ユーザに不便を強いることになってしまいました。

◉ 問題点

・「営業日」が開発ベンダ側の営業日なのか、事業会社側の営業日なのか明記されていなかった

◉ 改善策

　保守契約の中で、営業日の基準がどちらの会社なのかを具体的に明記します。なお、開発ベンダ基準の営業日とする場合は、相手の都合で営業日が変わってしまう可能性があります。たとえば今年から設立記念日が休業になる、といったケースです。契約書に明記することも大切ですが、今年のカレンダーにおける営業日がどこなのか確認することも大切です。

5.4 優先順位付け・案件実施

●「優先順位付け・案件実施」ステップの概要

項　目	内　　容
ステップ名	優先順位付け・案件実施
目　　的	案件を整理し、どの案件から着手すべきかを優先順位付けする。その後案件を実施する
インプット	保守全体設計書、案件管理資料
アウトプット	整理された案件管理資料、プログラムや設計書等の成果物

● 想定体制図

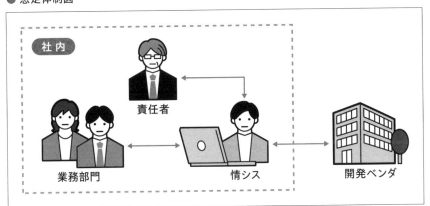

● 各担当者の活動タスク

担当者	活動タスク
情シス	・案件予定表の作成 ・開発ベンダ作成の各成果物の承認
業務部門	・各対応案件について、関連部署との調整 ・案件予定表の確認・承認 ・各対応案件について、業務要件の抽出
開発ベンダ	・案件予定表の確認 ・各成果物の作成
責任者	・プロジェクト実施サポート ・最終的な判断

5.4.1 優先順位付け・案件実施の活動内容

◉ 優先順位付け

　システム改修依頼は、業務部門から情シスに対して日々連絡があることが多いです。それを片っ端から愚直に実施していると、システム改修が回らなくなってしまう恐れがあります。現在の**人員リソース状況や対応案件の優先度を鑑みて、どの案件から対応すべきかの優先順位をつける**ことが重要です。それを実施するのが、案件整理・優先順位付けのステップです。

　案件を整理した結果、代替案があるので実施しないという選択肢もあり得ます。逆に、制度対応などのように対応リミットが決まっている案件もあるため、それらも鑑みて決めていくことが大事です。

　案件については、**表5.2**のように案件管理資料を作成し、業務部門や開発ベンダと共有します。関係者の合意のもとに進めていくことが重要です。本案件管理資料については、業務部門主導のもとで進めていきます。

表 5.2　保守案件管理資料

管理番号	件名	改修要件	改修依頼者	優先度	リリース期日
100	検索項目に営業担当を追加	発注情報検索画面において、現状では営業担当基軸で検索を行うことができない。これを実施できるようにする。	営業部西村	高	2021/9/30
101	契約書の承認フローに法務部を追加	契約書の承認フロー内に法務部がいない。	法務部西村	高	2021/8/30
102	発注量を下回った場合にメールを送信する	発注点を下回った場合、現状アラートが出力されるが見過ごしてしまう可能性がある。アラートに加えてメールを送信するよう改修してほしい。メールの送信先はマーケティング部と購買部にする。	購買部斎藤	中	特になし
103	キャンペーンとの紐付け	実施中のキャンペーンと案件が紐付いていないので、実績が評価できない。それらを紐付けるようにシステム対応する。	マーケティング部金井	低	特になし

◉ 案件実施

　案件の整理が完了した後は、いよいよ案件を実施していきます。基本的には、「第3章　システム開発」「第4章　サービス企画」の流れに沿って対応してい

きます。

　前述した通り、この流れをすべて実行するのは過剰な場合もあります。必要に応じて工程や成果物を取捨選択し、保守規模を鑑みて対応します。また、保守案件は類似した内容・対応を行うことが非常に多いため、生産性を上げやすい工程でもあります。常に何か効率化できる点はないかを考え、工夫しながら推進しましょう。

5.4.2 優先順位付け・案件実施のポイント

　本ステップにおいては、業務部門、開発ベンダとコミュニケーションを取りながら、どの案件から着手すべきかを冷静に分析することが大事です。また、その時々によって優先順位も変わってくる可能性があり、定期的な確認が必要になります。

◉ 大量の案件を捌くため冷静に優先順位付けすること

　基本的に業務部門は、システム改修案件をすべて一気に実施したいと考えています。しかしながら、人員リソースを鑑みるとすべての案件を実施するのは不可能です。情シス側で案を提示し、業務部門にどの案件から先に実施すべきかを主体的に選択してもらいます。優先度に納得感を持ってもらうことが重要です。

　整理の仕方として、「Appendix　役に立つフレームワーク—重要度と緊急度のマトリックス」を使うのも効果的です。

◉ システム的に案件をまとめて実施したほうが良いか確認すること

　影響する機能やモジュールが重複しているケースでは、システム的には小さな変更を何回も行うよりも、変更を集めて1回で行うほうが影響調査と確認テストが容易な場合があります。そのため、基本的には業務部門の意見も聞きつつ、システム的にまとめて実施したほうが良い案件がある場合は、提案することが重要です。

◉ 基本的に保守も新規開発と同じ流れに沿って実施すること

　基本的には、保守についても新規開発と同じ流れで進んでいきます。しかし、パラメータファイルを少し修正するだけの対応や、データ移行が発生しない対応など、新規開発と比較して小規模で難易度の低いものも多々あります。プロ

ジェクトと同様の成果物を作成するのは過剰な可能性もあり、それぞれの案件でどこまで対応すべきかを見極めながら対応することが大事です。

⊙ 目先の問題解決だけではなく未来を考えること

何か問題が発生した場合に、目の前の問題に対応して満足するのではなく、なぜ発生してしまったのかを分析し、発生させないためにどうするかを考えることが重要です。また、発生時に素早く対応するにはどうすれば良いかを常に考えて取り組むことも重要です。目先のことだけを考えてはいけません。

保守は継続的に実施する工程です。場当たり的に物事を考えるのではなく、後世にどう繋げていくかを考えましょう。

5.4.3 特に重要な社外要因・社内要因

法律や制度については、優先順位において突然上位になる可能性があります。したがって、案件化するような法律がないかどうか、念入りに動向を確認する必要があります。

⊙ （社外）法律

さまざまな制度改正からシステム改修案件に発展する可能性があるため、常に確認する必要があります。ただ、情シスだけでは判断が難しい可能性もあり、業務部門と上手く連携しながら進めましょう。

⊙ （社内）財務

自社の財務状況も非常に重要です。支払える金額が多ければ、その分だけ人をアサインできるため、対応できる案件の数も多くなります。自社の財務状況を確認し、可能な場合はお金をかけてまとめて一気に対応してしまうのも一つの手です。

⊙ （社内）文化・組織・体制

組織である以上、人事異動や退職といった体制変更は必ずあります。そうなった場合にすぐに引き継げるよう、成果物やノウハウ、運用ルールをまとめておくことが大事です。常に、人に依存しすぎない運営システムを作る必要があります。

5.4.4 失敗事例 実施案件の管理不足から並行開発に失敗！障害多発となる事態に

◉ 関連要因

`社内` 文化・組織・体制

◉ 事件の概要

　実施している案件が多すぎて、発注者側と保守ベンダ側の両者が忙殺される事態に陥ってしまいました。これにより、発注者と保守ベンダが共に疲弊し、仕様漏れやテスト実施不足が多発した結果、低品質なプログラムをリリースすることになってしまいました。

◉ 問題点

・業務部門からの要望に対して、案件の優先順位付けができていない
・開発ベンダを含む対応リソースを把握した上でのコントロールができていない

◉ 改善策

　まずは、対応できるリソース（対応可能な量）の把握が必要です。抱えている案件を整理し、どれくらいの対応工数が必要になるのかを確認します。現在の体制で活動可能な工数と併せて状況を把握しましょう。そして、リソースを踏まえた上で業務部門からの要望をコントロールしていきます。

　業務部門の理解を得るには、体制構築や社内政治力も重要です。「がんばります」といった精神論だけでは、結局システムトラブルを起こしてしまい、業務部門にも迷惑をかけることになります。しっかりと現状を伝え、案件の優先度も考慮しながら丁寧に会話をしましょう。

5.4.5 失敗事例 ガラパゴス化した独自の保守開発により後任にしわ寄せが！

◉ 関連要因

`社内` 文化・組織・体制

第1章
第2章
第3章
第4章
第5章
保守

197

◉ 事例の概要

　運用ルールなどを整備することなく、独自のずさんな運用で保守を行っていました。そんなある時、人事異動により保守を後任に引き継ぐことになりました。しかしながら、ドキュメントや運用ルールが明確化されていなかったため、後任は非常に苦労することになりました。

◉ 問題点

・保守のルールや運用フローが明確化、標準化されていない

◉ 改善策

　ガラパゴス化せず、保守ルールや運用フローを明確化することが重要です。保守の全体設計において、こうしたルールやフローを作る活動を明文化し、対応していきましょう。

　ガラパゴス化する要因の一つとして、「ルールやフローを作るのが面倒」と思われているケースがあるようです。たしかに、その時の対応のみを考えると手間が増えるだけかもしれませんが、組織として活動する以上、誰が実施しても一定の品質を保つことができる仕組み作りは重要です。こうした考え方を伝えていくことも、育成時のポイントの一つと言えます。

COLUMN

開発ベンダ側の業務負荷についても考えましょう

　「作る開発ベンダ」「作らせる事業会社の情シス」という関係から、どうしてもお金を払う側である情シスの立場が上になってしまいがちです。だからといって、業務を無理に開発ベンダに押し付けるだけでは、開発ベンダ側が業務過多になってしまいます。

　そうならないよう、開発ベンダ側の業務負荷についてもしっかりとマネジメントしましょう。あまりに業務が重なってしまう場合は、必要に応じて業務部門と期限の調整を行い、業務のピークを均すなどの対応を行います。

　結局、業務を行うのは人です。業務負荷が重なって体を壊すようなことがあると、さらなる混乱に陥ってしまいます。事業会社側も、開発ベンダ側の負荷状況には目を光らせましょう。

5.5 評価・改善

●「評価・改善」ステップの概要

項　　目	内　　容
ステップ名	評価・改善
目　　的	保守計画と保守実施を評価して良い／悪い点を確認し、今後の改善に繋げる
インプット	（各種管理表、各種評価方法手順）
アウトプット	（各種評価結果）

● 想定体制図

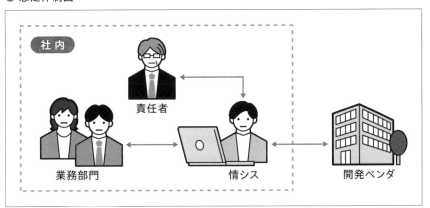

● 各担当者の活動タスク

担当者	活動タスク
情シス	・評価実施、改善実施 ・責任者への報連相（評価レビュー）
業務部門	・評価・改善内容の確認
開発ベンダ	・評価実施・改善実施
責任者	・最終的な判断

5.5.1 評価・改善の活動内容

保守の全体設計と併せて準備した「評価計画」に従い、保守の評価を実施します。また、そこで出てきた改善点への対応や、次の計画への反映を行いましょう。評価内容を**表5.3**にまとめます。

表5.3　保守全体設計書に対しての評価

要　素	評価する内容
保守案件概要	保守案件全般の推進の仕方は問題なかったか。何か推進に問題のあった案件はなかったか。
人材育成・調達計画	人材育成の観点でアサインした案件は問題なかったか。人員リソースは不足していなかったか。
工数・予算	想定していた工数と比べ、実工数はどうだったか。
パートナー戦略	戦略通りに実施できているか。実際の状況と異なるのはどういう点か。
品質管理	保守案件起因の障害発生状況の分析。
会議体	ユーザからの要望の吸い上げ方は問題ないか。ユーザとの定例会はそのままで問題ないか。
ドキュメント定義	具体的に保守で新規作成すべきドキュメントが作られているか、更新すべきドキュメントが問題なく更新されているか。
マスタスケジュール	実際のスケジュールと比べて何か乖離はなかったか。
保守体制図	保守の指揮命令系統は問題ないか。
案件管理方針	全体ルールでは何か見直す点はないか。

振り返りの結果、良かった点は継続し、悪かった点を改善に回すことが大切です。振り返りの実施方法は「Appendix　役に立つフレームワーク—KPT法」などを活用しましょう。

5.5.2 評価・改善のポイント

評価については、障害状況や案件の実施数など、さまざまな面から振り返ることが重要です。また、改善は一気にすべて対応できないこともありますから、優先順位を付けながら対応しましょう。

◉ 保守の運営プロセスについても評価・改善すること

基本的に評価においては、計画で定めた内容が達成できているかを確認しま

5.4 優先順位付け・案件実施　　5.5 評価・改善

第1章

第2章

第3章

第4章

第5章

保守

す。たとえば、予定通りの案件をこなすことができたか、人員の育成計画について問題なく達成できているか、などです。

　これらの項目に加えて、運営プロセスについても何か改善点がないか評価・改善するべきです。たとえば会議体の運営や、ユーザとの接点の持ち方についてです。これらを評価して振り返り、今後の保守に繋げることが重要です。

⊙ 自分だけではなく多角的に評価を行うこと

　物事に対する見方は人によって違うため、評価を自分だけで行うべきではありません。チームメンバ、業務部門、上長など、多角的な視点で評価を行いましょう。

5.5.3 特に重要な社外要因・社内要因

　システムを保守していくのは「人」です。関係性を大切にしていきましょう。

⊙ 社外 外部関係者

　保守において、開発ベンダなど外部関係者との関係を切り離すことはできません。開発ベンダとも一緒に、保守の進め方に問題がなかったかを振り返りましょう。開発ベンダにしか見えていない点などもあると思います。一緒に振り返ることで、良い関係性を築くことにも繋がります。

⊙ 社内 IT資産

　保守においては、さまざまなドキュメントを更新します。ドキュメントの更新方法や、そもそも更新すべきドキュメントに問題がないか、きちんと振り返りを行いましょう。

　設計書の更新が疎かになっていると、保守案件の対応スピードが落ちてしまったり、ユーザからの問い合わせにすぐ答えられなかったりする可能性があります。また、大規模な案件が発生した際にドキュメントが揃っていないと、ドキュメントを最新化するための作業が発生し、プロジェクト全体の遅延を引き起こしてしまう可能性もあります。設計書などのドキュメント資産について、すべて最新の状態に保つようにしましょう。

◉ 社内 **文化・組織・体制**

　組むことのできる体制によって、対応可能な範囲や内容は変わってきます。そして、評価結果によって次の体制も変わってきますので、評価の実施は大切です（後述する失敗事例も参照してください）。

5.5.4 失敗事例 人材不足により保守品質が悪化！ 障害が多発してしまった

◉ **関連要因**

　社内 文化・組織・体制

◉ **事件の概要**

　現場では保守案件に対して人員リソースが不足している状態であり、品質不良やドキュメントの更新が追い付いていないことが問題となっていました。上長には簡単に報告をしていたものの、残業が突出しているチームが他にあったため、上長は残業がそこまで多いとは見ていませんでした。加えて、報告も鬼気迫る感じではなかったことから、上長は保守の人員リソースは足りていると判断していました。

　このような状態の中、追い打ちをかけるように保守担当社員が異動でいなくなってしまい、残業時間もだんだん増えていきました。ようやく追加で人員が投入されたのですが、ドキュメントはまったく更新されておらず、ソースコードもメンテナンス性が悪い突貫のつぎはぎコーディングというひどい状態です。結果として障害が多発してしまい、業務部門からは日々お叱りを受けることになってしまいました。

◉ **問題点**

・問題の兆候があったにも関わらず、上長に対して、予定している作業がどの程度できていないのかが伝わっていなかった
・計画に対する評価を行っておらず、状況が可視化されていなかった

◉ **改善策**

　定期的に保守の評価を行い、計画に対してどの程度実現できたかを可視化することが重要です。また、できていなかった場合にはそれがなぜなのかを分析

し、上長にきちんと説明することが大事です。人員リソースが不足していることが明らかになった場合は、評価のタイミングを待たず、すぐに上長と相談し対応しましょう。すぐに人が増えるかどうかは分かりませんが、状況を可視化することにより、前向きに検討してもらえる可能性があります。

COLUMN

保守は枠組み作り（フレーム化）が重要！

　本章で述べている保守は、簡単に言えば小さな開発案件を数多くやることです。数をこなすためには、少ない労力で最高の品質を目指す必要がありますから、考え方や運営フローをフレーム化することが大事です。保守全体設計書にも記載していますが、特に以下の点が重要です。

◆ フレーム化すべきこと

・保守で実施すべき運営フローを定義する。成果物の作成方法、レビュー方法・期限・誰がレビューするのかをしっかりと定義する。

・レビューについては、「最低限これだけは必ず確認すること（観点）」を決めて実施する。チェックリスト化する。

・具体的にどのドキュメントを更新すべきかを定義する。また、一度でも更新を忘れるとそれ以降更新されない可能性があるので、更新されているかを必ず確認する。

5.6 この章のまとめ

　保守は、システムをメンテナンスしながら拡張するという大切な工程です。業務部門との関係性が重要になる場合も多いので、日ごろから関係構築を行いましょう。各ステップのポイントを表5.4にまとめます。

表 5.4　各ステップのポイントまとめ

ステップ名	ポイント
保守の全体設計	・人員の育成にも焦点を当てること ・どのユーザと接点を持つかを定義すること ・開発ベンダが何をどこまで行えば案件完了なのか定義すること
保守契約の締結	・具体的な保守範囲を可能な限り明確にすること ・どの会社と保守契約を結ぶのか慎重に判断すること ・中途解約に関する条項を明記すること ・保守契約料金が見合っているかを確認すること
優先順位付け・ 案件実施	・大量の案件を捌くため冷静に優先順位付けすること ・システム的に案件をまとめて実施したほうが良いか確認すること ・基本的に保守も新規開発と同じ流れに沿って実施すること ・目先の問題解決だけでなく未来を考えること
評価・改善	・保守の運営プロセスについても評価・改善すること ・自分だけではなく多角的に評価を行うこと

第 6 章

運用

6.1 「運用」とは

「運用」とは、システムを稼働し続けるために絶対不可欠なフェーズです。

よく「保守・運用」などと一括りで語られてしまうことがありますが、本書では保守と運用を分けて解説しています。その意図は、保守はシステム改修に関する内容を多く含み、実業務としてはシステム開発の内容が色濃く出てくるためです。この章では、こうした保守にあたる部分を除く、システムを稼働し続けるために必要な対応を「運用」として整理しました。保守については「第5章 保守」を参照してください。

6.1.1 鳥瞰図における位置付けと内容

鳥瞰図における本フェーズの位置と、その中のステップについて説明します（図6.1）。

図 6.1 運用フェーズの位置付け

運用フェーズで実施しなければいけないことは膨大です。本書では、それらをできるだけシンプルにまとめるため、「イベント管理」「システム管理」とい

う二つに分けて整理しました。それに加え、非常に大切な「障害対応」についても、一つのステップとして説明します。

　運用においても、もちろんPDCAを意識する必要があります。運用は継続しますから、最もPDCAを重視していかなければならないフェーズともいえます。当フェーズ内のステップは図6.2の通りです。

図 6.2　運用フェーズのステップ

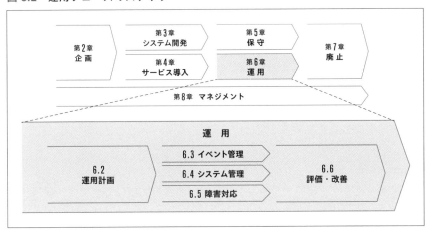

　本書では、運用全体を一つのプロジェクトと捉え、P＝「運用計画」、D＝「イベント管理」「システム管理」「障害対応」、C・A＝「評価・改善」のステップに分けています。

　また、当フェーズにおいては、**情シスを「情シス（運用）」「情シス（開発）」に分けて整理**しています。運用フェーズにおいては、運用専任で活動する部隊とプロジェクトなどを実施していく開発部隊に体制を分けることが多いためです。ご自身がどの立場で活動しているのかを意識して読み進めてください。

　各ステップの概要は以下の通りです。

⊚ 6.2　運用計画
　運用活動全体の設計を行い、運用計画書を作成します。

⊚ 6.3　イベント管理
　次々と発生するイベントを管理しなければ、そもそも何を準備したら良いのか判断がつきません。たとえば「季節・時期に伴う特別運用（異動時の対応な

ど）」「問い合わせの管理、対応状況、結果」「システム改修案件のリリースタイミング」などがあります。これらを管理し、適切に対応していきます。

◉ 6.4　システム管理

システムそのものについても管理していく必要があります。たとえば、「IT資産の管理」「システムパフォーマンスの管理」「ハードウェアやソフトウェアの契約管理」などがあります。

◉ 6.5　障害対応

システムを運用していると、何らかの障害（システム不具合）に遭遇します。この障害対応について、もしかすると苦手意識を持っている方もいるかと思います。しかしながら、障害対応にはやるべきことの型があります。本書では、この型を中心に説明します。

◉ 6.6　評価・改善

PDCAのサイクルを回すためにも、評価・改善の実施は必須です。運用計画に対する評価、そして改善を実施します。

COLUMN

情シス（運用）の守備範囲

本書における「運用」と、実際の現場における「運用」の範囲は、完全に合致しないことがほとんどでしょう。その対応の責任の所在にもよりますし、対応の規模や体制もさまざまだからです。

しかし、いずれにせよ、どこかの部隊でやるべきことではあります。読者の皆さん自身が担当でなかったとしても、「こういったものが必要」「これはどこで管理しているのだろうか？」などを意識して読み進めてください。

6.2 運用計画

● 「運用計画」ステップの概要

項　目	内　容
ステップ名	運用計画
目　的	運用を実施するにあたり、運用全体を計画することで、実施すべき内容の明確化、非効率な対応の回避を行う 評価、改善する際の基準を作成することで、地に足をつけたPDCAを回す
インプット	（企業全体としての）事業計画など「そもそも」の指針となるもの
アウトプット	運用計画書

● 想定体制図

● 各担当者の活動タスク

担当者	活動タスク
情シス（運用）	・運用計画の作成、評価計画、手順の作成 ・責任者との報連相
責任者	・最終的な判断

6.2.1 運用計画の活動内容

計画のステップですから、プロジェクト計画の作成が参考になります。ここでは、その中でも特に運用として重要な要素を挙げます（**表 6.1**）。「3.2　プロジェクト計画」「8.3　各工程の「計画時」に検討すべきこと［Plan］」も参考にしてください。

表 6.1　運用計画書の作成要素例

要　　素	内　　容
運用方針	運用していくにあたり、全体の考え方（方針、指針）を策定します。たとえば、運用品質を重視するのか、コストを重視するのか、運用メンバの育成をどのように考えるのかなど、各行動や判断を行う際の全体基準を策定します。
運用対象定義（スコープ）	管理する対象システムやネットワーク、ソフトウェアを定義します。
運用活動定義	運用全体としてのPDCAを回すための活動を定義します。個別の活動ではなく、運用全体としての活動を定義します。運用計画評価の方法、計画の見直し活動、運用受け入れ活動などが該当します。
スケジュール	運用全体としてのPDCAを回すためのスケジュールを記載します。各管理の対応スケジュールではないので注意してください。
運用体制図	活動体制や関係者を記載します。
コミュニケーション管理	各関係者とどのようにコミュニケーションをするのかを定義します。
運用予算	運用に関する予算を定義、整理します。過不足発生時の対処方法についても策定します。
運用課題管理	運用全体における課題管理ルールや、そのドキュメントを記載します。
ドキュメント管理	管理表やその作業手順といった、運用で必要となるドキュメントの一覧と、一覧の変更ルールを定めます。

本書が扱う運用計画よりも少し幅が広くなりますが、内閣官房 内閣サイバーセキュリティセンターから、参考となるガイドラインが提示されています[注6.1]。併せて参考にしてください。

また、具体的にどのような管理が必要になるかを整理しましょう。「6.3　イベント管理」「6.4　システム管理」を参考に、必要な管理対象を整理しましょう。

そして、この運用計画を評価するための評価計画と、その手順を準備します。

注6.1　（参考）「政府機関等における情報システム運用継続計画ガイドライン～（第3版）～」
／内閣官房 内閣サイバーセキュリティセンター（2021年4月）
https://www.nisc.go.jp/active/general/pdf/itbcp1-1_3.pdf

KPI（Key Performance Indicator：重要業績評価指標）を決め、それに対して実績がどうだったのか、その理由や対応策を考える方法が実践しやすいでしょう。この評価では、運用計画などの全体だけでなく、個々の管理についても評価します。

COLUMN

障害訓練をしよう

　管理とは少し異なりますが、運用として実施すべきことの一つに「障害訓練」があります。サービスを止めることができないシステムでは、障害発生時用の待機系を用意しておくのが定石です。何か故障が発生した際には、あらかじめ準備しておいた別のサーバに切り替え、サービスを継続するのです。大規模なシステムになると、待機系を別のデータセンターで稼働させることでサービス停止を防ぎます。これは、地震などによる被害も視野に入れています（BCP/DRと呼ばれることがあります）。

　ところが、いざ待機系に切り替えようとした時に上手くいかないことも多々あります。たとえば、切り替えの可否を判断するコミュニケーション体制が作れない、構築後の追加システムリリースの影響で以前の手順では切り替えられない、といったケースです。

　こうした問題を防ぐには、定期的に障害訓練を実施する必要があります。筆者が担当していた金融システムでは、顧客にも協力してもらい、年に1回は訓練を実施しており、万全の体制を作っていました。障害発生シナリオを作成し、人の動き、システムの動きを確認します。消防訓練と同じですね。大切なことです。

6.2.2 運用計画作成のポイント

　運用は継続して実施するものです。**最初に決めた計画に固執することなく、より良い方向に改善していくことのできる仕掛けとなるようにしましょう。**

◉ どのスパンでPDCAを回すかを決めること

　運用に明確な区切りはありません（システム構築プロジェクトであれば、構築すれば一区切りとなります）。そのため、PDCAサイクルを回すスパンを決めましょう。

　企業は1年ごとに会計年度となるため、スパンを1年とすることもありますが、これだとPDCAサイクルが長くなりすぎることも多いです。半年、四半期といったサイクルも検討してください。逆に、あまりに短くサイクルを回すと（たとえば1ヵ月）、それだけ負荷もかかります。これは、結果のまとめや評価といったオーバーヘッドが発生するためです。

　ポイントは「有意義で効率の良いサイクル」を見極めることです。ただし、実施して初めて何が必要かが見えてくることも多いので、悩みすぎずに決めましょう。

⊙ 計画を柔軟に見直せるようにすること

　システム構築プロジェクトであれば、ある程度計画を強制することが有効なケースが多いですが、継続して実施する運用においては、一度決めた計画に固執するとじわじわと傷口が広がっていきます。定期的に見直しを行うようにするとともに、内容が妥当であれば比較的容易に見直せる柔軟さを運用計画に仕込んでおきましょう。

　また、計画を見直して完了ではなく、しっかりと関係者の合意を形成することが重要です。勝手に内容を変更してしまうと、後々大問題になってしまう可能性があります。なぜ変更する必要があるのか、具体的にどこを変えたのかを明確にし、説明しましょう。

⊙ 関係者とコミュニケーションが取れる体制を作ること

　運用内でのコミュニケーションも大切ですが、それ以外のメンバとのコミュニケーションが取れる体制も作りましょう。たとえば、情シス（開発）、業務部門、開発ベンダ、外部サービス担当などが該当します。

　密なコミュニケーションが絶対に必要ということはなく、その内容によって適切な温度感でコミュニケーションが取れるようにしましょう。たとえば、密な連携が必要な場合は週1回の状況連絡定例を設置し、連携があまり必要でない場合は月1回のメールによる状況連絡、といった具合です。

⊙ 短期だけでなく中長期の計画もすること

　運用としてPDCAを回す計画ももちろんですが、運用の中長期計画も方針として掲げましょう。「3年後には○○運用を自動化する」「育成を通じ、1年後には一人当たりの管理範囲を倍増する」などです。そしてその計画に向けて、「当

期（当活動計画の期間）は○○をする」などを運用活動として組み込みましょう。

◉ 運用受け入れルールは関係者に徹底すること

運用は、今目の前にある範囲を見ているだけで良いものではありません。運用部隊で対応していくための「受け入れルール」は必ず策定しましょう。そうしないと、なし崩し的に運用に丸投げされる事態を引き起こします。

この場合の関係者は、主に「システム開発プロジェクト終了に伴う、開発物一式の引き渡し」「業務部門からの登録依頼の受け付け」「情シス（開発）からのシステム作業依頼」などがあります。

受け入れルールの作り方ですが、基本的には、自分たちが運用するために必要な情報が取得できれば問題ありません。以下が挙げられます。特にシステム操作手順については、年に1回、半年に1回しか行わないような特殊な作業がないかを確認しましょう。

・受け入れ内容（システム概要、システム操作手順、設定値情報など）
・対応費用の取り扱い
・受け入れ期日（申請リミット）
・緊急連絡先

COLUMN

「運用でカバー」という魔法の言葉

システム開発をしている時によく出てくる言葉「運用でカバー」。設計した業務フローではカバーできないようなイレギュラーケースや、開発予算不足でシステム化できなかった時の逃げ方として多用されます。しかし、それは本当に運用でカバーできる内容なのでしょうか。当然、運用でカバーするためには人手がかかります。その対応コストは誰がどのように補填するのでしょうか。

受け入れルールを明文化することで、無理難題を撥ね除けやすくなりますし、お互い建設的な対応に持ち込みやすくなるといったメリットもあります。ルールを作る作業は最初は大変ですが、組織全体としてもあるべき方向に向かえます。ぜひ挑戦してください。

　これらを申請書の形にして提供することで、申請元・受け入れ側の双方で効率の良い伝達ができるようになります。

　また、運用では受け入れきれない申請もあり得ます。そのため、受け入れフロー上に、内容確認、レビュー、受け入れ審議といったチェックポイントも設置しましょう。そして一連の手順をフロー化し、申請元と共有します。

⊙ 評価の方法と内容も設計すること

　評価するためには、何を、何のために、何をもって評価するか、を決めておく必要があります。評価に必要となるファクト（システムログ、システム稼働情報など）を集める必要もあります。

　ファクトを取得するには、システム対応が不可欠なこともあります。たとえば、CPU使用率を取得しようとしても、取得できるように仕掛けていなければ後から確認することはできません。ログの確保についても、システム構築時から各アプリケーションに手を入れておかなければならないケースもあります。

　評価のことまで考えてシステム設計をすることは難易度が高い（システム設計中にそこまでの余力がないことが多い）ですが、特にSLA（サービス品質保証）に使うといった外部への報告（評価）のファクトがないのは致命的です。

　また、ファクト取得にどうしても失敗することがあります。プログラムのバグで取得できない、サーバがダウンして稼働しなかった、などです。重要な評価については、ファクトが取得できていなかった時の対処法も準備しておけるとなお良いです。もし「システムだから、当然履歴は残っているのでしょう？」と考えているとしたら、即刻考えをあらためてください。意図的に残す仕掛けがないと何も残っていません。

　何を管理すべきかを整理し、その管理に必要な準備をタスク化して運用計画を行います。先を見据えてタスクを洗い出しましょう。

6.2.3 特に重要な社外要因・社内要因

　未来の予想と全体の整合性。目先のことだけでなく、大きな視点で見ることが大切です。

⊙ 社外 災害・環境
　運用全体の予算を考える上で、どういった事象が発生し得るのかを想像しま

しょう。もちろん、未来を完璧に予想することはできませんが、たとえば「コロナ禍」であれば、リモート化によるサーバリソース利用や通信費の増加といったことは推測できると思います。予算として、こうした立て付けを別枠として一件審議するやり方も考えられますが、その場合でも整理は必要です。

⊙ 社内 経営戦略

運用方針を決めるにあたって、そもそもの経営戦略を無視するわけにはいきません。運用力を高めていきたいのか、とことんコストカットにこだわる必要があるのか、大きく的を外さないように注意しましょう。

COLUMN

事業が窮すると……

営利企業では、必ずといって良いほど予算が厳しくなる状況が発生します。そうした時によくあるのが「運用費は一律50％カット！」というものです。もちろん、企業が倒産しては元も子もありませんので工夫していくしかないのですが、運用は継続が大切であるということを忘れないでください。

たとえば作業量を減らすため、とある管理を廃止したとします。後日、その管理を復活させようとしても、廃止していた期間分の情報はなくなってしまいます。こうした特性も踏まえて、やめる判断をしましょう。

⊙ 社内 他案件

特に大型案件は、運用への変更影響も大きいです。どういった対応をしているのかをしっかりと注視し、運用としての受け入れ準備を行いましょう。

⊙ 社内 社内政治

形だけコミュニケーション体制を作っても、運用は上手く回りません。「あの業務部門は無理難題ばかり言ってくるので負荷が高い」といったケースはよくあるのではないでしょうか。

こうした場合は、付き合い方を考える必要があります。コミュニケーション頻度を上げるのは定石ですが、「あなただけ特別な対応しているといった特別感を出す」などのテクニックも使い、上手く回るようにしてきます。

6.2.4 〈失敗事例〉運用受け入れの説明ができておらず、揉めに揉めて残業の日々！

⦿ 関連要因

〈社内〉他案件

〈社内〉社内政治

⦿ 事件の概要

　ある大型システム開発プロジェクトが完了し、そのシステム運用が運用部隊に引き渡されることになりました。しかし、運用で実施すべき内容を確認しようとしたところ、そもそも何を実施すれば良いのか情報がまとまっていません。さらに、システム開発時に情シス（開発）と業務部門が、「それは運用でカバーしましょう」と（勝手に）調整していた内容すらありました。もちろん、運用側への連携はありません。現状の運用メンバではとても回しきれないボリュームでした。

「これでは受け入れできません」と抵抗したものの、社内の力関係もあり、最後は運用に押し込まれて対応することに。しかし、システムへの理解も浅く、またリソースも足りないため見落としが多発し、システム障害に繋がるケースも発生しました。毎日残業して対応することになりましたが、それでも回りきらず問題が多発……負のスパイラル状態となってしまいました。

⦿ 問題点

・運用受け入れのルールがそもそも整備されていない
・受け入れるためには何をしてほしいかを説明できていない
・大型案件で運用への影響も容易に想像できるにも関わらず、プロジェクト体制に入ってウォッチできていない

⦿ 改善策

　特に受け入れルールについては、関係者にきちんと説明し、費用面も踏まえて合意を形成するようにしましょう。また、ルールや費用について周知するために、たとえば運用が何をしているのか、これをされると大変、設計ではここを考慮してほしいなど、関係者に伝える活動（説明会など）を実施するのも効果的です。

また、運用影響が大きなプロジェクトについては、運用担当者もプロジェクトに参画すべきです。ウォッチと言わず、運用を実施する目線から必要なシステム設計を行いましょう。

DevOps（デブオプス）という考え方

　厳密な定義がある言葉ではありませんが、DevOpsは開発（Developer）と運用（Operator）が協調して開発・運用をしていこう、という考え方です。これは、「情報を連携して対応していくべき」ということもありますが、「開発当初から運用要件も組み込んだほうが生産性も高い」ということでもあります。

　さらに、最近では「DevSecOps」という言葉も使われています。Secはセキュリティのことであり、開発当初からセキュリティ要件も密に組み込んでいこう、というものです。システム開発当初から要件を出していくことがいかに大切なのか分かりますね。

第1章
第2章
第3章
第4章
第5章
第6章
運用

6.3 イベント管理

● 「イベント管理」ステップの概要

項　目	内　容
ステップ名	イベント管理
目　的	さまざまな要素を管理することで、システムの安定稼働を実現する
インプット	（システム、関係者、世の中のイベントなど多数）
アウトプット	（各種管理表）

● 想定体制図

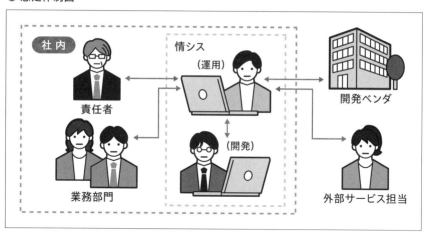

● 各担当者の活動タスク

担当者	活動タスク
情シス（運用）	・管理の実施　・情シス（開発）との連携 ・業務部門との連携　・責任者への報連相 ・開発ベンダとの連携　・外部サービス担当との連携
情シス（開発）	・情シス（運用）との連携（案件の共有、各種情報の連携）
業務部門	・情シス（運用）との連携
開発ベンダ	・情シス（運用）との連携
外部サービス担当	・問い合わせ対応
責任者	・運用実施サポート　・最終的な判断

6.3.1 イベント管理の代表的な管理対象

「イベント管理」の代表的な管理を以下にまとめます。業種、システム特性、規模などにより、必要なイベント管理は異なりますし、管理の単位も変えたほうが良いかもしれません。過不足の有無、使い勝手、目的を意識しながら組み立ててください。

また、それぞれの管理において対応フローを作る必要があります。どのように発生するのか、どうキャッチアップするのか、どう連携するのか、どう使うのかを設計しましょう。

◉ 運行管理

日々の運行のための最も基本となる管理です。ジョブ実行、システム稼働監視、バックアップ実施・管理、運用手順の管理などを行います。これらを管理することにより、以下が期待できます。

- ・日々の運行の確実な実施
- ・作業ボリュームの把握

◉ 問い合わせ管理

エンドユーザ、業務部門などからのシステムに関する問い合わせを管理します。問い合わせを受けるだけではなく、こちらから開発ベンダへの問い合わせも管理しましょう。管理項目の例は「発生日時」「発生元」「問い合わせ内容」「対応状況」「対応内容」「対応者」「対応完了日時」「対応時間」「対応から派生した事項」などです。これらを管理することにより、以下が期待できます。

- ・問い合わせ対応漏れの防止、状況の把握
- ・問い合わせ対応内容や知識の共有
- ・同一問い合わせの対応効率化
- ・問い合わせ対応に使ったリソース（時間など）の見える化
- ・特定の季節、時期に発生する問い合わせなど、トレンドの把握（傾向が把握できれば先手を打つことも可能）
- ・各種改善を検討する際の元ネタとして利用可能

サービスデスクを構築して効率化を図ろう

　問い合わせについては、社内体制や社員数、社員の基礎システムスキル、会社貸与物の有無などによって対応ボリュームが大きく異なります。対応ボリュームが大きくなる場合は、対応を一手に引き受ける部隊「サービスデスク」を構築することがあります。これにより、他の運用への影響を避け、かつ、効率の良い対応が可能になります。社内システムの使い方に関する問い合わせ、PC貸し出し（PCの初期設定）、IT資産の棚卸しなどを対応スコープとすることが多いです。

◉ 障害管理

　発生した（主に）システム障害の管理です。予防措置や共有の意味も込めて、未発生の障害（発生していないが何かで気がついた）や危ないことが起こったが、幸い障害には至らなかった事象なども併せて管理すると良いでしょう。管理項目の例は「発生日時」「発生元（システム）」「障害ランク」「発生内容」「対応状況」「対応内容」「類似調査内容」「類似調査結果」「対応者」「対応完了日時」「対応時間」「対応から派生した事項」などです。これらを管理することで、以下が期待できます。

・障害対応漏れの防止、状況の把握
・障害対応内容や知識の共有
・同一障害の対応効率化
・類似調査による同件発生の未然防止
・障害対応に使ったリソース（時間など）の見える化（見える化により対外的な説明も容易になる）
・各種改善を検討する際の元ネタとして利用可能

　障害発生時の対応方法については、「6.5　障害対応」を参照してください。

◉ カレンダー管理

　日付に基づく特殊なイベントを管理します。営業日、非営業日といった基本的なことから、組織イベント注6.2、特異日（コラム参照）、制度改正などのイベント日程なども含みます。このように、システムへの影響が起こり得るイベン

トを管理するのが基本です。

管理項目の例は「月日」「イベントタイトル」「イベント内容」「システムへの（想定）影響」「必要なシステム対応」「申し送り事項」などです。これらを管理することで以下が期待できます。

・システムへの影響が起こり得る日程を把握し、事前に計画立てた対応が可能
・カレンダーに関係するイベントは繰り返し発生するものが多く（毎月25日に発生するなど）、管理することで対応効率を上げやすい

COLUMN

特異日って何？

たとえば、「毎月25日は給料日の会社が多く、ATMからの出金件数が多い」「特売日は通常日の5倍商品が売れる」といった、通常とは異なるシステムへの影響が予見できる日を特異日といいます。これはまさに、業務そのものといえます。2021年2月末に、みずほ銀行でATM4,300台が停止する大規模システム障害が起きた遠因の一つに、この特異日が関連していました。

この障害に関連する報告書[注6.3]が公開されており、学ぶべきことの多い内容となっています。ぜひ一読してください（筆者は関係者ではありません）。本書で強く伝えたい内容でもありますが、「やはり人が大切」だと感じます。

◉ システム改修案件リリース日程管理

自システムにおけるリリース案件を管理します。なお、自システムへの影響だけではなく、接続先への影響、ユーザへの影響も併せて管理することが大切です。管理項目の例は「月日」「リリースタイトル」「リリース内容」「システムへの（想定）影響」「必要なシステム対応」「申し送り事項」などです。これらを管理することにより、以下が期待できます。

注6.2 組織イベントとしては、組織体制の変更（部署の統廃合など）、人事異動や新入社員の入社などが考えられます。
注6.3 （参考）みずほフィナンシャルグループ システム障害特別調査委員会の調査報告書の受領について
https://www.mizuho-fg.co.jp/release/20210615release_jp.html

・事前に計画立てて対応することが可能
・その他のイベント日程を確認することでリスクコントロールが可能（他イベントとの重複による影響把握、スケジュール変更による問題発生リスクの低減など）

◉ 関連システムリリース・イベント日程管理

　自システムではなく、接続先のシステムや利用しているサービスにおけるリリース・イベント日程を管理します。ただし、自システムとは違い、接続先システムや利用サービスの情報を正しく捉えることは難易度が高いです。相手によって情報伝達ルートや開示方法、内容のレベル感がまちまちであるためです。すべてをきちんと管理することが理想ですが、現実的には不可能なことも多いでしょう。問題が発生した時の影響を想像し、優先順位を付けて管理しましょう。管理項目の例は「月日」「対象システム」「リリースタイトル」「リリース内容」「システムへの（想定）影響」「必要なシステム対応」「申し送り事項」などです。これらを管理することにより、以下が期待できます。

・事前に計画立てて対応することが可能

◉ リソース変更管理

　自システムやクラウドサービスなどのリソースを管理します。対応の発生は、大きく「依頼ベース」「リソース状況ベース」の二つに分けられます。

　依頼ベースとは、テスト環境の準備などのように依頼を受けてスケジュールを決め、対応するものです。一方のリソース状況ベースとは、たとえばリソース監視でメモリが枯渇気味であることが分かった時にメモリの割り当てを増やす、といったものです。クラウド系サービスはリソースを柔軟に変更できる仕組みを有するものも多く、比較的簡単に対応できる時代になりました。

　管理項目の例は、「発生元」「対応タイトル」「対応予定日時」「対応内容」「影響システム」「申し送り事項」などです。これらを管理することで、以下が期待できます。

・案件の管理により作業効率化が可能（同一作業は同じタイミングで実施する、など）
・対応漏れの防止

◉ マスタ登録運用管理

システムのマスタ登録イベントを管理します。システムによって対応内容は変わりますが、「部署名情報」「商品マスタ」「勘定科目」など、システム全体で利用するようなデータを「マスタ」と呼ぶことが多いです。基本的には、マスタ情報を管轄する部署の依頼を受けて発生することが多いですが、「組織変更による部署統廃合」「新入社員入社に伴う社員ID一括発行」など、定期的に発生するものもあります。前述したカレンダー管理と併せて確認してください。

管理項目の例としては「依頼元」「対応タイトル」「対応予定日時」「対応内容」「影響システム」「申し送り事項」などです。これらを管理することで、以下が期待できます。

- 案件の管理により作業効率化が可能（同一作業は同じタイミングで実施する、など）
- 対応漏れの防止

COLUMN

担当者が分かれていて管理内容が
重複している場合はどう扱うべきか

たとえば「システム改修案件のリリース日」は、当然ながら情シス（開発）も管理している情報であり、同じような内容を情シス（運用）も実施すべきなのか迷うケースがあります。筆者は、必要であれば重複感があっても各々で管理したほうが良いと考えます。なぜなら、管理する目的が完全に一致するわけではないからです。

自らが主体性を持って自由に管理できない管理表は、結果的に意味をなさなくなることが多いです。管理項目を追加しようとしてもオーナとの調整が必要となれば、「忘れないように手元に書いておこう」となるのも仕方ありません。また、部門のメンバでのみ共有したい情報もあるでしょうし、管理したい単位（管理表の行の単位）が異なる場合もあるでしょう。

共通化できる管理情報は共通化して生産性を上げるべきですが、最後の最後の管理は、個々に実施しないと意味をなさないと筆者は感じています。

6.3.2 イベント管理のポイント

運用は、システム開発以上に主体性が必要です。作るべきものがある程度決まっているシステム開発とは異なり、運用を良くしていけるかどうかは自分たち次第です。

⊙ 意味のある管理をすること

管理するということは、コストがかかるということです。何か情報があれば管理しておきたくなりますが、管理が目的になってはいけません。使ってこそ意味があります。そこで、管理する目的や、管理することで何が得られるのかを明文化しましょう。たとえば、「過去の問い合わせを管理することで、同じ問い合わせへの対応の迅速化を達成する」といったものです。

費用対効果が悪いようであれば、管理を止めてしまうのも一つの判断です。

⊙ アンテナを高く張ること

イベント管理のためには、さまざまな関係者から情報を収集・共有・協議する必要があります。運用担当者というと「受け身な人たち」というイメージを持たれることがありますが、実は必要なスキルは逆で、高いコミュニケーション能力が必要です。積極的に情報を収集し、適切に判断することが求められます。組織として体制を作っていくことはもちろん、関係者との風通しを良くすることも大事です。

⊙ 改善を繰り返すこと

同じ作業を繰り返していては、次々とリリースされていくシステム・サービスの増加に対応できなくなるのは明らかです。たとえば、監視の警告メールひとつひとつが些細な事象であったとしても、積み重なれば業務に支障が出ます。そんな時は、監視の目的を逸脱しないようにしつつも適切な設定に変えるべきです（警告の閾値の見直しなど）。

運用においては、繰り返し作業が数多く発生します。繰り返し作業はコンピューターが最も得意とするところであり、自動化できないかを意識して対応しましょう。すぐに実施できる細かな改善は、どんどん対応していきましょう。

◉ 対応に強弱をつけること

管理の対象は膨大で、何でもかんでもキチンと対応しようとすると必ず破綻します。もしくは際限なくコストがかかります。管理の目的であるシステムの安定稼働のために、何を優先すべきかを考えて対応しましょう。管理要否を判断するための一つのコツは、「その事象が発生した時に起きる影響を想像してみること」です。

もちろん、個人の判断で強弱をつけてはいけません。組織として判断しましょう。「○○の理由からこの管理は行いません。××というリスクが想定されますが、これでいきます」といった内容で社内の承認を得ましょう。

6.3.3 特に重要な社外要因・社内要因

イベント管理ステップでは、確認が漏れているといきなりシステム障害となりかねない要因が多くあります。常に注視できる仕組みを作り上げてください。また、「6.4　システム管理」における社外要因・社内要因（「6.4.3　特に重要な社外要因・社内要因」）についても関連しますので、そちらも参考ください。

◉ 社外 法律

法律遵守は基本中の基本です。当然、法律を守れていなければ違法であり、業務停止など、企業として致命的な事態を招きます。開発担当者は法律に疎いことも多く、システムが法改正に対応していなければ企業としてリスクを抱えることとなります。業務部門ともコミュニケーションを取り、お互いにシステム対応の認識を合わせることが大事です。

たとえば法律の改正であれば、日本版SOX法として制定された「J-SOX」があります（2008年）。内部統制報告制度であり、簡単に説明すると、上場企業が事業年度ごとに監査法人の監査を受けた内部統制報告書を内閣総理大臣に提出することが義務づけられたものです。これだけ聞いてもシステム面からは「？？？」となりますから、もう一段詳しく見てみましょう。

たとえば「不正な決算をしてはいけない」という点を考えてみましょう。会計データ（＝システムデータ）が改竄されてしまうと不正な決算となります。では改竄を防ぐにはどうするか。データの更新権限を限定する、誰が更新したのかを後から確認できるようにするなどといったシステム実装が必要となります。このように法律対応に必要なシステム実装を見極め、事前に対応していく必要が

225

あるわけです。イベント管理ができていないと対応していけないものですね。

◉ (社外) **事件・裁判**

世間で起きた事件に対して、対応が求められることもあります。たとえば、他社における不正アクセスが大事件になると、「当社のシステムは大丈夫なのか？ 確認して報告せよ！」となるのはよくあるケースです。こうしたケースにおいて、事件が話題になった時点で確認行動を起こしているか、それともそんな事件をまったく知らないかで、情シスを見る目は間違いなく変わります。

もちろん、社内の目を気にして対応するのは本質ではありませんが、システムを安定運用するためにはさまざまな事象を気にしなければならないということです。

COLUMN

緊急時の対応費用

たとえば、個人情報漏洩事件などにより調査が必要となるケース。こうした事態はいつ発生するか分かりません。情シスだけで調査が完結できる対応ならまだしも、開発ベンダに確認してもらわなければ判断できないケースもあります。

こうした時に、開発ベンダの対応費用についてもピンとくるようにしましょう。大規模な保守を発注している開発ベンダならまだしも、小規模な保守のみの契約では、こうした調査対応が保守に含まれていない場合に難色を示されることになります（開発ベンダにとっては当然です）。

上司からの指示に脊髄反射するだけではなく、費用がかかるかもしれない旨も伝えられるようにしましょう。もちろん、費用の発生を極力抑えるような工夫も必要です。

◉ (社外) **外部サービス**

関連する外部サービスの状況は注視する必要があります。たとえば、接続先の外部サービスがメンテナンスのために停止するとなれば、当然その時間に接続するわけにはいきません。サービスが成り立たない、接続先へ悪影響を与えてしまうなど、最悪の場合は損害賠償問題にもなりかねません。

外部サービスによってアナウンスの仕方はまちまちです。状況を正しく迅速にキャッチアップし、社内に共有、対応していくにはどうすべきかを考え、体

制作りや管理をしていく必要があります。

⊙ （社外） 外部関係者

たとえば開発ベンダの有識者が異動になった場合、現実的に運用品質が落ちるのは避けられません。異動させないようにするなどといった対応はあり得ないですが（絶対にダメですよ）、異動が起こり得るという前提で、品質が落ちないように手当てしていくことが大切です。

体制や管理内容によって効果的な方法はさまざまですが、ポイントは「何をもって今までと同等の品質が実現できているとするか」を具体的にすることです。たとえばマスタ登録運用管理であれば、影響調査の方法が手順化されているか、実際に影響調査をして正しい結果を出せるのかを試してみる、などが考えられます。

⊙ （社内） 他案件

大規模なシステム開発や保守案件は注視しましょう。特に、運用に影響する内容を把握することが大切です。「来週システムをリリースするので、今後は運用をしてください」と言われて、内容は理解できますか？　体制は組めますか？

こうした状況を避けるには、運用側として受け入れルールを作成し、その作法を守ってもらうことが有効です。受け入れるパターンとその申請方法を整備することが多いと思います。

⊙ （社内） 文化・組織・体制

社内コミュニケーションが円滑にできる環境は、相当重要な要素です。システムというと無機質で冷たい感じがあり、人間的な面は少ないと感じるかもしれませんが、それは大きな間違いです。どこまでシステマチックに管理しても、最後は人間的な要素が大きいです。というのも、システム対応が個別に必要な場合は「完全に決まりきったパターン」ではないケースであり、何かしらの人間的な判断が必要になるからです[注6.4]。

些細なことでもコミュニケーションがとれるかどうかは、運用にも大きく影響します。小さな気づきについて気軽にコミュニケーションがとれるようであれば、トラブルが発生する前、大きくなる前に対処でき、結果的に効率良く対

注6.4　本当に完全に決まりきったパターンであれば、システム実装してしまいますよね。

応できることに繋がります。また、もしトラブルが大きくなってしまった場合でも、コミュニケーションが上手くできていれば、協力的な体制で事にあたることができます。マネジメント層に求められていることは、円滑なコミュニケーションができる体制構築です。

手段に縛られない

コミュニケーションを円滑にするために、「チャットツールを導入しよう」といった声が上がることがあります。しかし、本当に効果があるのかどうかをよく検討してください。「些細なことを対面で話しかけづらい」「場所が離れていて物理的に難しい」「お互いの時間が合わずコミュニケーションが取りづらい」など、円滑なコミュニケーションを阻害している要因を分析・想定した上で、チャットツールの導入に効果があると見込めるのであれば導入しましょう。チャットツールがあっても、上司が話しかけづらい雰囲気であれば結局意味はありません。手段が目的となってしまうことがないように注意してください。

6.3.4 失敗事例 接続先システムのサービス停止を把握しておらず、システムエラーが多発！

◉ 関連要因

社外 外部サービス

社外 外部関係者

社内 文化・組織・体制

◉ 事件の概要

とあるオンラインショッピングのサイトには、外部の天気予報サービスの情報を利用して天気に合わせた商品をお勧めする機能がありました。ある時、このサービスから「メンテナンスのため〇〇の時間は利用できません」というメールがあったのですが、社内で誰も把握できていませんでした。そしてメンテナンス時間になり、オンラインショッピングのシステムからエラーが発生。さらに、自動で何度も再取得を繰り返すプログラムになっていたため、サーバリソー

スを次々に利用してサーバがダウンしました。オンラインショッピングサイト
のみならず、該当サーバで処理していた他サービスも一時的に停止してしまっ
たのです。

⊙ 問題点

・メンテナンス実施を把握できていなかった
・外部サービスとの連絡窓口（社内担当）が明確に決められていなかった
・システム構築時の担当者が気づいたら拾い上げるという状況だったが、その
　担当が退職し、誰もアナウンスが受けられなかった

⊙ 改善策

　人に依存した窓口の作り方はNGです。まず、外部サービスとの連絡窓口は
メーリングリスト（共用で利用する一つのメールアドレス）にするなど、特定
の一人が受けることがないようにしましょう。退職に限らず、人事異動などで
も体制はどんどんと変わっていきます。

　また、外部サービスの一覧を作成し、各外部サービスの確認状況を管理する
のも有効です。いつ情報を確認したのか、確認できた内容は何かなどを管理す
ることで、抜け、漏れを把握しやすくなります。たとえば、ある外部サービス
について「1年以上情報がアップデートできていない」ことが分かれば、本当
に何もないのか、実は連絡手段に何か問題があり情報をキャッチアップできて
いないのか、を確認するきっかけになります。

6.4 システム管理

●「システム管理」ステップの概要

項　目	内　容
ステップ名	システム管理
目　的	さまざまな要素を管理し、システムの安定稼働を実現する
インプット	（システム、関係者など多数）
アウトプット	（各種管理表）

● 想定体制図

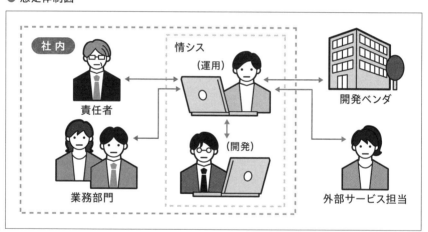

● 各担当者の活動タスク

担当者	活動タスク
情シス（運用）	・管理の実施　・情シス（開発）との連携 ・業務部門との連携　・責任者への報連相 ・開発ベンダとの連携　・外部サービス担当との連携
情シス（開発）	・情シス（運用）との連携（案件の共有、各種情報の連携）
業務部門	・情シス（運用）との連携
開発ベンダ	・情シス（運用）との連携
外部サービス担当	・問い合わせ対応
責任者	・運用実施サポート　・最終的な判断

6.4.1 システム管理の代表的な管理対象

システム管理における代表的な管理対象を以下にまとめます。イベント管理と使い方は同じで、過不足や使い勝手、目的を意識しながら組み立ててください。

◉ IT資産管理

何を保有しているのかを管理します。主に自社資産となるハードウェアやソフトウェアについて、そのバージョンや保守期限時期、セキュリティ脆弱性情報などを管理します。管理項目の例としては、「管理対象」「多数の管理項目（バージョン、保守期限、システム利用者など）」「確認日」「確認者」「申し送り事項」などです。項目の特性が異なる種類の資産を、一つの表に無理矢理まとめる必要はありません。

これらを管理することで、以下が期待できます。

・保守期限を管理することで、先手を打ったIT投資判断に活用できる
・適正なIT資産のコントロールが可能（遊休資産がないか、効率良く管理していくための製品選定など）
・セキュリティ脆弱性発生時の対処の迅速化
・価格競争力の強化（社内での購入を1本化することで、ボリュームディスカウント効果が得やすくなる）

◉ 利用サービス管理

どのようなサービスをどのように利用しているのかを管理します。管理項目の例としては、「管理対象」「（多数の）管理項目（バージョン、保守期限、システム利用者など）」「確認日」「確認者」「申し送り事項」などが挙げられます。一つの表に無理矢理まとめる必要はありません。これらを管理することで、IT資産管理と同様の効果を期待できます。

◉ 契約管理

ハードウェア、ソフトウェア、利用サービスの契約を管理します。IT資産管理や利用サービス管理の要素の一つとして管理する方法もあります。一般的に契約は機密情報を含むため、管理担当者がシステム実務面と異なることが多いです。こうした理由から、本書では「IT資産管理」と「利用サービス管理」

とは分けて整理をしています。

　管理項目の例は「管理対象」「契約内容（契約単位、契約体系、契約期間など）」「申し送り事項」です。これらを管理することで、以下が期待できます。

・契約切れにより「保守がない状態」となるリスクを回避できる
・この先の社内予算確保がしやすくなる

◉ リソース管理

　システムのパフォーマンス、容量、料金、需要など、システムの利用状況に関して管理します。管理項目の例としては、「管理対象」「（多数の）管理項目（CPU使用率、メモリ使用率、ネットワーク使用率、容量使用率、発生料金、現状と未来の需給管理）」「申し送り事項」などがあります。一つの表に無理矢理まとめる必要はありません。これらを管理することで、以下が期待できます。

・システムの現状を把握し、より効率の良い運用を検討できる
・ボトルネックとなるシステム部位を事前に把握できる

◉ アクセス管理

　システムへの適切なアクセスコントロールをするために、入社、異動、退職などによるアカウントの管理、変更運用を行います。管理項目の例としては「対象システム」「アカウント」「アカウント権限」「作成日」「廃止予定日」「申し送り事項」などが挙げられます。これらを管理することで、以下が期待できます。

・適切なアクセスコントロールを実現できる
・セキュリティ事故発生時に管理者による遮断ができる

◉ システム監査／SLA

　事前に定めたルールに基づき、システムをチェックする必要があります。たとえばログの内容、ユーザの利用状況などを確認します。また、SLA（サービス品質保証）を定義しているのであれば、必要な報告書を作成するための元データを取得します。管理項目の例としては「対象システム」「監査項目」「監査内容」「監査状況」「申し送り事項」などが挙げられます。

　これらを管理することで、以下が期待できます。

・ルールに基づいたシステム運用ができているかを確認し、安全に運行できる
・対外的に報告、説明ができる（必須の場合もある）
・状況を把握することで課題が認識でき、改善対応に結びつけられる

◉ OA機器管理

　PCなどの貸与機器、コピー機、シュレッダーなどについて管理します。会社資産でなくとも、BYOD（Bring Your Own Device：スマホなど個人所有の機器）についても、社内ネットワークに接続するようであれば厳重な管理が必要です。

　管理の目的は「何がどれくらいあるのか」という基本的なことから、製品のライフサイクルの管理、セキュリティのための管理などが挙げられます。紛失時の情報漏洩を防ぐ仕組みや運用など、準備すべきことは大量にあります。

　管理項目の例としては、「機器」「資産番号」「所有者（貸与先）」「（多数の）管理項目（購入日、保証期限、バージョンなど）」「申し送り事項」などが挙げられます。これらを管理することで、以下が期待できます。

・過不足が把握でき、効率良く提供できるようになる
・発注タイミングが効率化でき、値引き交渉がしやすくなる
・資産照合が容易にできる

◉ 設備関連のファシリティ管理

　自前のデータセンターやコンピュータールーム、オフィスのネットワークなど、サーバ設備などを設置する場所に関連するファシリティ管理です。電源やLANのようなケーブル管理から、配線、電力、空調、入退館の管理まで、一大事業となるくらいの内容であるため詳細は割愛しますが、このような土台があって初めてシステムを利用できる環境が作れるということは頭に入れておきましょう。ITとはいえ、つまるところ「物理的な土台」の上で動いているのです。

6.4.2 システム管理のポイント

　より適切な運用にすべく、日頃から意識して実施しましょう。なお、システム管理においても、イベント管理で挙げたポイントは当てはまります。「6.3.2 イベント管理のポイント」も参考にしてください。

◉ **主体的な収集をすること**

「何か事件が起こらない限り、何も気がつかない」というのが、システム管理の最大の特徴かもしれません。逆に言えば、主体的に情報を管理・収集していく必要があります。とはいえ、何も起きていないことについて管理を組み立てていくのは非常に難易度が高いです。先人の知恵を借り、有意義な管理を組み立てましょう（もちろん本書もご利用ください）。

◉ **より適した部署へ委譲すること**

システム管理で行うべきことを挙げてきましたが、これらすべてを情シスが行う必要はありません。ボリューム的な問題はもちろんですが、「この管理は現場で実施したほうが効率的」というものも多々あります。

たとえば、細かなアクセスコントロールは、毎回情シスに依頼をするよりも現場で変更できたほうが効率が良いでしょう[注6.5]。このように、委譲できるものは委譲すべきです。

ここで大事なのは、どちらの責任になるのかをしっかりと線引きすることです。範囲を明確にしてポテンヒットを防ぐとともに、それぞれが責任（と権限）を持って対応できる状況を作ることが大事です。たとえば、情シスはどのように設定すれば期待通りのアクセスコントロールになるかを説明する責任があり、誰に何の権限を付与するかは現場で責任を持って設定する、といった具合です。

この時に、「情シスの言っていることはシステム的でよく分からない」ということも起こりがちです。実例なども用いて、業務部門が理解できる形で伝える努力を怠らないようにしましょう。

6.4.3 特に重要な社外要因・社内要因

イベント管理と同じく、社外・社内要因ともに常に注視できるようにしていきましょう。

◉ 社外 **市場・競合動向**

システム管理は、物理的な要素に左右されることもあります。世間一般のニュースから経済動向まで、幅広くアンテナを張る必要があります。

注6.5 もちろん、セキュリティを考えた上での運用が必要です。

たとえば、2011年7月に発生したタイ洪水の影響で、世界的にHDDが品薄となりました。タイは世界第二位のHDD生産国であったためです。2018年末頃からIntel CPUが供給不足となり、PC需要に対応できず納期が何ヵ月も延びることが頻発しました。Huawei機器の締め出しも記憶に新しいところですね。

利用している機器が故障した時は、当然ながら機器がなければ交換のしようがありません。事業に深刻な影響を与えるクリティカルな機材であれば、手元に多めに確保しておくなど、早め早めの対策を検討する必要があります。

また、市場動向としては一般的な価格帯を把握しておくことも大切です。たとえば、10年前に利用開始したサービスについて、毎年同じ金額を払い続けていないでしょうか。ITは特に進化が速い業界であり、もしかすると、現在の市場水準の何倍もの料金を払っているかもしれません。

COLUMN

日本中から機材を集める

社外に向けたサービスで、かつクリティカルな業務で使用していたサーバがありました。古いOSで稼働しており、影響範囲の広さやシステム再構築難易度も相まって、置き換えや刷新には時間がかかる状況であり、OSが古いため旧機種でしか稼働できないという制約も出てきました。

サーバを稼働させている限り、HDDは次々と故障していきます。そのHDDについても、もう新たに製造はされていない型番という状況でした。サービスを止めることは絶対にできないため、そのHDDを日本中から可能な限り集め、手元に置いておくということが実際にありました。クラウドが主流の現代からするとにわかには信じられないかもしれませんが、対処法として正しいものだったと思います。

⊙ （社 外）**技術動向**

システム管理のためのツールも進化していきます。より低コストで、より楽に管理ができるツールが誕生しているかもしれません。ソフトウェアの展示会などにも積極的に参加し、動向を把握するようにしましょう。

⊙ （社 内）**財務**

使える予算に応じて、とれる運用戦略は変わってきます。新たな運用管理ツー

ルを導入してトータルでのコスト削減を目指すケースでは、導入時のコストは大きくなるでしょう。こうした対応は予算が多く取れる時に組み込むなど、複数年にわたる運用計画を考えていく必要があります。

◉ 社内 IT資産

保有しているIT資産の情報についても、定期的に最新情報を取得する必要があります。

ソフトウェアやハードウェアの保守期限は、意外と頻繁に変わります（有名な例では、Windowsのサポート期限はよく延びていましたね）。期限だけでなく料金が変わることもありますし、製造元企業の合併・買収などで大きく変わってしまうこともあり得ます。最新の情報をしっかりと把握し、先を見据えたシステム戦略を取るようにしましょう。

◉ 社内 文化・組織・体制

適切に管理していくための体制を作ることが大事です。責任範囲を決め、できる限り責任者（担当者）も明確にしましょう。もちろん、これは責任を押しつけるために決めるのではありません。それぞれが責任を全うしつつ、必要な時は互いにフォローできる、そのような関係を作れることが理想ですね。

◉ 社内 社内ルール

社内ルールによる制約には要注意です。たとえば「管理用のクラウドツールを導入したい」と考えても、セキュリティルール上、インターネットに接続したツールは使えないケースもあります。ルールを変更するにせよ、守るにせよ、常に社内ルールを意識して対応していきましょう。

6.4.4 失敗事例 ハードウェアの延長保守を把握しておらず、コスト不足に！

◉ 関連要因
社内 財務
社内 IT資産

◉ 事件の概要

あるサーバで稼働しているサービスを使い続けるため、例年通りハードウェアの保守延長をしようとしました。しかし、6年目になったことで「延長保守」フェーズとなり、保守料金が3倍になることが発覚。保守を終了するわけにもいかず契約するしかなかったのですが、予算が確保できておらず、社内説明などに多くの労力がかかってしまいました。

◉ 問題点

・現状と同じという意識が盲目的にあり、正しい金額が把握できていなかった

◉ 改善策

正しい情報を確認した上で予算を組みましょう、というのが正攻法ですが、対象が多岐にわたる場合、すべてを正しく把握することが（ボリューム的に）難しいことも多いかと思います。そうしたケースでは、「必須のもの」「金額が大きいもの」について優先的に確認していきましょう。

COLUMN

保守期限は業務部門の感覚とは合わないことも多い

「延長」保守になる場合、（費用を負担する）業務部門と揉めることがあります。「サーバ（ハードウェア）の通常保守は5年間」だと認識していたとしても、業務部門にしてみれば「5年間もサービスを使っていないのでは？」と感じるためです。

しかしながら、本番稼働する前の開発やテストにおいてもサーバは必要です。大規模なシステム開発となると、2年間かけて開発、テスト、移行リリースを行うケースもあります。こうしたケースでは、本番稼働した時点ですでに残りは3年となるわけです。いずれにせよ、正しい情報を把握し、コスト負担が必要となる部門とは常に情報を共有していくことが大切です。

6.5 障害対応

● 「障害対応」ステップの概要

項　　目	内　　容
ステップ名	障害対応
目　　的	障害の影響を回復、原因を解消し、通常の運用に移行する
インプット	障害発生事象、各種設計書
アウトプット	障害是正報告書

● 想定体制図

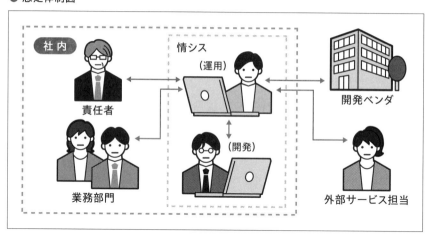

● 各担当者の活動タスク

担当者	活動タスク
情シス（運用）	・障害対応　・障害の報連相　・情シス（開発）との連携 ・業務部門との連携　・責任者への報連相 ・開発ベンダとの連携　・外部サービス担当との連携
情シス（開発）	・情シス（運用）との連携（障害フォロー、改修内容のすり合わせ）
業務部門	・情シス（運用）との連携
開発ベンダ	・情シス（運用）との連携、再発防止策の検討
外部サービス担当	・問い合わせ対応
責任者	・障害対応サポート　・最終的な判断

6.5.1 障害対応の活動内容

　システム障害が発生すると、何らかの対応を行わないと通常のシステム運用状態には戻りません。一般的な障害対応の流れは次のようなものです。

1. 障害発生を検知する
2. 状況を確認する
3. 関係者と共有し、対応方法を判断する
4. 暫定対応をする
5. 障害報告書を作成し、説明する
6. 恒久対応をする
7. 障害管理をクローズする

　なお、障害発生内容によって、その影響や対応方法、対応スピード感が異なってきます。

6.5.2 障害対応のポイント

　障害対応の仕方一つで、その人（組織）の評価は大きく変わります。しっかりとした障害対応ができれば、それだけで信頼されるようになります。**一番のポイントはスピード感**です。

◉ 素早い共有を行うこと

　障害発生時、すぐに解決できないケースはよくあることです。しかしながら、発生している事象をしかるべき関係者にすぐに連絡することはできるはずです。たとえ業務時間外であっても、躊躇せずに連絡することが重要です[注6.6]。どんどん騒いで周りを巻き込んでいく。すぐに復旧ができなかったとしても、何も共有せずに対応して失敗するよりどれだけ良いかは……分かりますよね。

　もちろん、1回しか連絡してはならないというルールはありません。タイムリーに情報を共有していきましょう。

注6.6　「つながらない権利」が叫ばれる昨今。「連絡してはいけないのでは？」と思われるかもしれません。しかし、それは体制に問題があります。24時間、何かが発生する可能性があるのであれば、交代でそのための体制を組む必要があります。

連絡する内容も重要です。抜け、漏れ、認識違いがないように、何が発生しているかを連携しましょう。**表6.2**にポイントとなる観点を記載します。

表 6.2　障害発生時に伝えるべき観点

観　　点	内　　容
事象	どういった事象が発生しているのかを簡潔に整理します。
直接原因	なぜその事象が発生しているのかの直接的な原因。たとえば、ファイルの読み込み処理に失敗している場合、受信したファイルが文字化けしていて読めない、といった具合です。すぐに分からない場合もありますので、その場合は「確認中」「〇〇が疑わしい」など、状況を正しく伝えます。
障害復旧リミット	障害復旧のリミット時刻。バッチ処理の場合は、後続処理が詰まっていることも多いです。明確には分からない可能性もありますが、想定でも良いので目安を伝えましょう。リミットと判断した根拠も伝えます。
業務影響（リミットを超えた時）	リミットまでに復旧が間に合わなかった時に起こり得る業務影響を伝えます。暫定対応実施による影響も伝えましょう。
暫定対応	発生している事象を解消するための対応方法を伝えます。たとえば、エラーの原因となっているデータを取り除く、といった対応が考えられます。
根本原因	直接原因が発生した、その元となる原因を記します。暫定対応を優先するため、後日調査して確認することが多いです。根本原因とは、その原因を解決しない限り、何度も同じ障害が発生するものだと考えると良いでしょう。たとえば、エラーの原因となるデータを発生させるロジックなどが該当します。
恒久対応	同じ障害が発生しないように、何を対応すれば良いのかを伝えます。システム改修が発生することが多いです。

⊙ 間違った内容のまま進まないこと

障害対応は時間との勝負です。そのため、内容を十分に精査できないまま対応を進めざるを得ないケースもあります。もちろん、間違った内容のまま進んでも解決しません。「確実なこと」「想定（仮説）」を区別して整理し、これまでに出てきた情報が正しいのかどうかを何度も確認しましょう。

これは、復旧対応をしている当人だけでは難しいものです。時間的な余裕、心理的な余裕がないためです。複数人で役割を分け、復旧対応を実施できる体制を作りましょう。

⊙ 障害発生前に想定できることを準備しておくこと

障害が発生した時にすぐ対応するため、普段から準備しておくことが重要です。準備として考えられる例を以下に挙げます。

・緊急時の連絡網（社内・社外両方）
・障害発生時の復旧手順（定型的な障害対応の場合）
・対応に必要なドキュメントのありか（設計書や過去対応事例、各種システムファクトなど）
・障害発生時に伝えるべき観点のフォーマット

⊙ 対応完了後に原因の深掘りと再発防止策を講じること

障害が発生した場合、対応が完了したら終わるのではなく、きちんと障害発生後に深堀りすることが重要です。直接原因を「なぜなぜ分析」し、引き起こしてしまった根本原因を究明します。そしてその根本原因に対して、今後類似の障害を発生させないような手立てを検討します。加えて、その根本原因を「なぜレビューなどで気がつくことができなかったのか」も分析します。これらを分析することで、有益な再発防止策とすることができます。

6.5.3 特に重要な社外要因・社内要因

何が起きているのかを把握することが、迅速な障害対応に繋がります。

⊙ 社外 外部サービス

外部サービス側の障害によって、自システムが影響を受けることがあります。逆に、自システムの障害によって、外部サービス側に影響を与えることもあります。実際には、外部システムの対応内容を把握することは難しいですが、発生時にコミュニケーションが取れることが大切です。連絡体制を整備しておきましょう。

⊙ 社内 IT資産

迅速に障害対応ができるかどうかは、前もって準備ができているかにもかかってきます。特に、システム間連携においてどのような接続をしているか、バッチ処理がどのような構成になっているかなど、全体像を整理しておくことが大事です。これにより、障害が発生した時にその影響範囲を確認でき、対策

第1章
第2章
第3章
第4章
第5章
第6章
運用

を検討しやすくなります。

◉ 社内 他案件

　障害発生のよくある要因として、他のプロジェクトのリリースによって、自システムが障害を受けるケースがあります。したがって、他のどのような案件がいつリリースされるのかはしっかりと押さえておくことが非常に重要です。

6.5.4 失敗事例 安易に再実行した結果、データ不整合による二次障害が発生！

◉ 関連要因

　社内 他案件

◉ 事例の概要

　あるシステムにおいて、夜間バッチ処理で異常終了が発生しました。異常終了がよく発生する部位であり、過去にも単純な再実行で解決していた事象でした。いつもの対応で良いと思い込んでいたため、単純に再実行したところ、ジョブは警告が出たものの処理が終了し、後続処理に連携されました。

　しかしながら、後続の他システムのジョブで異常終了が発生しました。確認したところ、その手前までのバッチ処理の結果も不正確な状態となっていたことが判明しました。当日は不正確な状態での処理をすることで暫定対応とする判断を行い、後続処理を稼働させました。

　後日、原因を追っていくと、その日に別システムでリリースを行っており、誤ってリリース確認時のデータが流れてきていたことが判明しました。つまり、そのデータを削除した上で処理を再実行することが正しかったのです。

◉ 問題点

・異常終了の原因を確認せず、過去と同様の事象だと判断して再実行してしまった
・いつもと異なる特別な対応（当件の場合、他システムのリリース）がなされていないか把握できていなかった

⊙ 改善策

　障害対応の基本動作である、事象を正しく捉える必要があります。そのためには、事象を毎回きちんと確認することが徹底できる仕組みを作ります。たとえば、一人で判断して対応を許可するのではなく、「判断者」と「対応承認者」という体制を作ることなどが有効です。

　イベント管理において状況の整理は行っているはずです。こうした情報も参考にできるよう、障害発生時の対応手順を整備しておきましょう。

COLUMN

「対応の効率化」と「丁寧な対応」のジレンマ

　障害フォロー作業についても、効率化はどんどんしていくべきです。よく発生する障害については、本質的には恒久対応するべきですが、恒久対応までの間のフォロー作業を自動化することもあるでしょう。

　しかし、この失敗事例のように「実は違うフォロー対応をしなければならないケース」を切り分けられるのか、という問題があります。「ジョブが異常終了した　→　再実行する」といったように単純に自動化してしまうと、誰にも判断されることなく失敗事例の事象が発生してしまうわけです。

　もちろん、手厚く確認すればそれだけ対応時間がかかってしまいます。しかしながら、こと障害対応については、より二次障害を発生させない方向に舵取りしたほうが良いと考えます。二次障害が発生するほうが、結果的に大変なことになるわけですから……。

6.6 評価・改善

●「評価・改善」ステップの概要

項　目	内　　容
ステップ名	評価・改善
目　的	運用計画、システム管理、イベント管理を評価して良い点／悪い点を確認し、今後の改善に繋げる
インプット	（各種管理表、各種評価方法手順）
アウトプット	（各種評価結果）

● 想定体制図

● 各担当者の活動タスク

担当者	活動タスク
情シス（運用）	・評価実施、改善実施 ・責任者への報連相（評価レビュー）
責任者	・最終的な判断

6.6.1 評価・改善の活動内容

運用計画と併せて準備した評価計画に従って、運用の評価を実施します。また、そこで出てきた改善点についての対応、次の計画への反映を行います。

6.6.2 評価・改善のポイント

本質的な目的（＝運用の改善）に向かうことを意識して対応しましょう。

◉ 評価の収集はできる限り自動化すること

評価のためのファクトの収集には、多くの作業が必要となることが多いです。定型的な作業が多いため、作業を自動化できないかを常に考えてください。極論すれば、ファクト収集作業はコストでしかありません。

◉ 評価方法自体も定期的に見直すこと

最初に決めた評価方法が絶対ではありません。計画時から完璧な評価方法を作れるわけがありませんし、運用していく中で、より良い評価基準が出てくることもあります。評価は、何かに使うために行うものです。より有意義な評価ができるように見直します。もちろん、不要なので以後は評価しない、という判断もあり得ます。

6.6.3 特に重要な社外要因・社内要因

評価は機械的に実施できそうですが、実際には人間的な要素も必要です。

◉ 社外 法律

評価すべきものは、時代とともに変わっていきます。一昔前であれば、個人情報の取り扱いについて気にすることはなく、「個人情報保護のルールが守れているかのモニタリング」などは過去には存在しなかった評価項目でしょう。今や企業存続の問題にまで発展する重要な評価項目となっています。法律の改正などをしっかりとキャッチアップし、評価できるように組み込んでいきましょう。対応に必要な予算の確保も重要です。

⊙ 社内 社内政治

　ファクトは不変ですが、評価には解釈、判断が入ってきます。 何のための評価なのか、それを誰が気にするのかなどを把握し、建設的に進めていきましょう。「空気を読む」というと良いイメージがないかもしれませんが、そこに解釈が入る以上は大事なことです。

⊙ 社内 文化・組織・体制

　評価は、運用を担当するメンバだけでは実現できないことも多いです。なぜなら、システム対応をしないと取得できないファクトもあるためです。円滑に運用を実施するには、関係者全員で体制を作っていく必要があります。「後は運用に投げてしまえ」といった空気がまかり通ると、非効率な運用となりがちです（自動出力機能があれば済む話なのに手作業を強いられる、など）。失敗事例も参考にしてください。

6.6.4 失敗事例 評価に使えないファクトばかり！ファクト収集のための改修が発生

⊙ 関連要因

　社内 文化・組織・体制

⊙ 事件の概要

　外部に提供しているサービスにおいて、SLA報告にも必要な「監視状況の評価」をするためにファクト収集を実施しました。評価の一つとして「システムの更新状況をモニタリングする」という項目があり、不正な更新がなされていないかシステムログから確認する手はずになっていました（システム管理者であれば更新できるデータがあったため）。

　しかしながら、システムログを確認したところ、誰が更新したのかが分かる情報が欠落していました。その他のログにおいても、当評価に利用できる情報はなく、結果的に評価不能となってしまったのです。サービス利用者への報告や謝罪など、事業に大きな影響が発生しました。

　さらに、正しくファクトを取得できるようにするため、大規模なシステム改修が発生しました（当然ながら、過去のファクトの収集（復元）は不可能でした）。

◉ 問題点

- システム要件として定義、設計できていなかった
- 重要なファクトであるにも関わらず、評価実施本番までに何も確認できていなかった
- 評価に向けた段取りが上手く作れていなかった

◉ 改善策

　システム要件として組み込まれていないのでは、構築できなくて当然でしょう。理想は、上流工程からシステム要件として組み込んで構築していくことです。開発と運用の体制が分かれていることも多いため、運用担当者としてシステム開発プロジェクトに参画できるような体制を作ることが有効です。

　しかしながら、現実的にはそのように万全な体制がいつも組めるわけではありません。そうした時にできる対策としては、本当の評価実施前に、少なくとも1サイクルは評価サイクルを回すことです。そこで課題や問題点を抽出、対処できるようなスケジュールを組むことが何より有効です。事前に気がつくことができれば、対処できる可能性を上げることができます。

COLUMN

運用は減点方式で見られやすい？

　運用の目的はシステムの安定稼働。そのため、何も問題が発生していない状態が当たり前だと思われ、問題が発生すれば「また運用か……」などと見られがちです。運用の性質上、このような見方を完全に避けることはできませんが、運用側からもしっかりとアピールしていくことが大切です。

　たとえば、「業務部門への〇〇の確認を自主的に行った結果、△△となる障害を未然に防ぐことができた」といった内容は、周囲から見ても分かりやすいでしょう。組織として、安定稼働できた時の「賞」を作り、メンバのモチベーションが上がるようにするのも手ですね。

6.7 この章のまとめ

　システムライフサイクルの中で、最も期間が長いのが運用です。派手さはないかもしれませんが、縁の下の力持ちとして、ビジネスにおいて重要なフェーズです。期間が長い分、少しの改善でも積み重なれば大きな力となります。逆に運用がずさんだと、ジリジリと企業の体力を奪っていきます。**自分たちが企業活動を支えているという自負を持てるよう、成果を作っていきましょう。**最後に、本章の各ステップのポイントを表6.3にまとめます。

表 6.3　**各ステップのポイントまとめ**

ステップ名	ポイント
運用計画	・どのスパンでPDCAを回すかを決めること ・計画を柔軟に見直せるようにすること ・関係者とコミュニケーションが取れる体制を作ること ・短期だけでなく中長期の計画もすること ・運用受け入れルールは関係者に徹底すること ・評価の方法と内容も設計すること
イベント管理	・意味のある管理をすること ・アンテナを高く張ること ・改善を繰り返すこと ・対応に強弱をつけること ・(「システム管理」のポイントも参考にしてください)
システム管理	・主体的な収集をすること ・より適した部署へ委譲すること ・(「イベント管理」のポイントも参考にしてください)
障害対応	・素早い共有を行うこと ・間違った内容のまま進まないこと ・障害発生前に想定できることを準備しておくこと ・対応完了後に原因の深掘りと再発防止策を講じること
評価・改善	・評価の収集はできる限り自動化すること ・評価方法自体も定期的に見直すこと

第 7 章

廃止

7.1 「廃止」とは

　作ったシステムは、いつか必ず廃止するタイミングを迎えます。**ここで述べる「廃止」とは、主にハードウェアの老朽化やソフトウェアの保守切れ、利用サービスの終了などに伴い、そのシステムを止めること**を指します。なお、「とある業務の終了に伴い機能が不要になる」といったケースは、本書では廃止ではなく「保守」として整理しています。業務の廃止＝関連システムの改修という意味合いでとらえるためです。保守に関しては「第5章　保守」を参照してください。

　廃止の対応においても、「廃止のためのシステム改修」が必要になることがあります。特に廃止の影響を受ける関連システム側は、何かしらシステム改修が発生する場合がほとんどです。システム改修自体でやるべき対応については、「第3章　システム開発」を参照してください。

　本章では、廃止を実施するにあたり、廃止全体を進めていくためにやるべきことを解説します。

COLUMN

廃止に関する情報は少ない？

　筆者の知る限りですが、廃止に関するテクニカルな情報（書籍など）は、あまり見たことがありません。理由は定かではありませんが、「システムを止めるだけでしょ？　と周囲からは見られており、簡単な対応だと思われがち」「廃止するとシステムそのものがなくなるため、ノウハウなどを残そうという意識が薄くなりがち」「廃止するシステムや状況によってやるべきことが異なり、一般化して整理しづらい」などが挙げられるかもしれません。本章では、大規模システムの廃止を経験してきた筆者が、廃止について整理します。

7.1.1 鳥瞰図における位置付けと内容

　鳥瞰図における本フェーズの位置と、その中のステップについて説明します（図7.1）。

図 7.1 廃止フェーズの位置付け

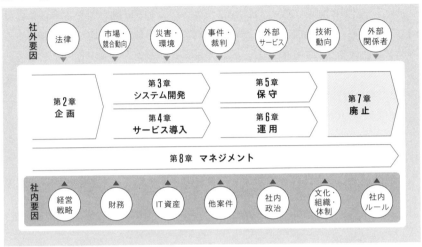

使い始めたシステムの最後。それが廃止です。鳥瞰図上では最後のフェーズになりますが、廃止とともに新システムへの移行や別サービスの導入などを実施するケースも多いです。そうした場合は、「第2章 企画」「第3章 システム開発」「第4章 サービス導入」との合わせ技で対応していくことになります。

本章は、以下の3つのステップで構成されます（図7.2）。

図 7.2 廃止フェーズのステップ

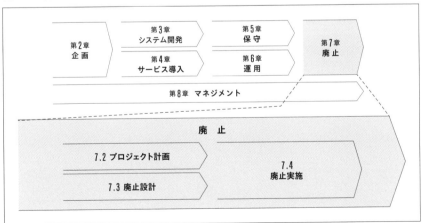

各ステップの概要は以下の通りです。

◉ 7.2　プロジェクト計画

　プロジェクト計画については、「3.2　プロジェクト計画」とやるべきことは同じです。そちらも参照してください。廃止設計を並行して実施し、確固たるスケジュールやタスクを整理し、成功するプロジェクト計画を作りましょう。

◉ 7.3　廃止設計

　廃止の考え方や対応システム範囲（影響調査）を設計し、個々の廃止対応が実施できる状態を作り上げます。廃止方式、現状調査（システム、業務面を含む）、廃止対象の特定、別システムへの移行、といった設計を行います。システム連携している場合は接続先にも影響がありますので、その影響調査や対策も必要です。

◉ 7.4　廃止実施

　廃止を実施します。廃止対応の内容によって、個々の対応はさまざまです。先にも触れた通り、システム改修が発生する場合は「第3章　システム開発」も参照してください。

COLUMN

廃止は全体を見直す大きなチャンス

　廃止は、強制的に「仕組みを変える」ことになります。ある意味、今まで調整が難しかったことや、次のあるべきシステムアーキテクチャにリデザインするチャンスでもあります。単純リプレースのような対応が悪いわけではありませんが、数年に一度のチャンスであることも認識した上で、対応方法を確定しましょう。

7.2 プロジェクト計画

●「プロジェクト計画」ステップの概要

項　　目	内　　容
ステップ名	プロジェクト計画
目　　的	廃止におけるゴール達成（廃止完了）までの道筋を明らかにする 活動方法を周知徹底することで、生産性の高い活動を実現する 問題発生時の判断基準を準備することで、円滑なプロジェクト実施を実現する
インプット	廃止設計書　※並行して作成
アウトプット	プロジェクト計画書

● 想定体制図

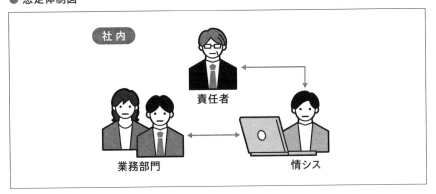

● 各担当者の活動タスク

担当者	活動タスク
情シス	・プロジェクト計画書の作成 ・業務部門との連携（計画レビュー） ・責任者への報連相
業務部門	・プロジェクトの目的や方針の確認 ・スケジュールの妥当性の確認 ・各工程の実施タスクの確認
責任者	・プロジェクト計画書の承認

　プロジェクト計画において作成すべき内容は、「3.2　プロジェクト計画」と同様です。実際の活動タスク（この後で説明する「廃止設計」や「廃止実施」）は異なりますが、プロジェクト計画として書くべき項目は同じなので、詳しくは「3.2　プロジェクト計画」を参照してください。

廃止対応のスコープ

　現実的には、「廃止のみ」のプロジェクトというケースはあまりないでしょう。廃止のみということは、つまり廃止システムを単純にすべて捨ててしまっても業務が成り立つということであり、「一体何の業務をしていたの？」と言えるレベルです。もちろん、すでに新システムに移行済みであり、廃止の部分だけ別プロジェクトで実施する、というケースはあるかと思います。

　通常は、廃止と併せて新システム開発、もしくはサービス導入というケースでしょう。こうしたケースにおいては、プロジェクト計画は「廃止＋システム開発」の両方を併せて作成する形になります。この点だけを考えても、廃止に関連するプロジェクトは難易度が高いと感じられますね。

7.3 廃止設計

● 「廃止設計」ステップの概要

項　目	内　容
ステップ名	廃止設計
目　的	廃止による影響を見極めて、スコープを特定する 廃止タスクを洗い出し、廃止実施が可能な状態とする
インプット	廃止要件、現状のシステム資料
アウトプット	廃止設計書

● 想定体制図

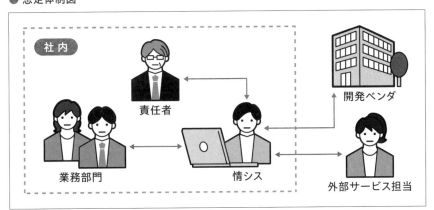

● 各担当者の活動タスク

担当者	活動タスク
情シス	・廃止設計書の作成　・廃止影響調査　・廃止タスクの洗い出し ・業務部門との連携（レビュー、対応依頼、各種サポート） ・責任者への報連相　・外部サービス担当との調整 ・開発ベンダとの連携
業務部門	・廃止設計書の確認　・廃止影響調査（業務観点） ・情シスとの連携
外部サービス担当	・問い合わせ対応
開発ベンダ	・廃止影響調査　・情シスとの連携
責任者	・プロジェクト実施サポート　・最終的な判断

7.3.1 廃止設計の活動内容

　廃止は、廃止するシステムそのものも当然ながら、関連するシステムを巻き込んで設計していく必要があります。そのため、**影響調査が大きな活動の一つ**です。調査結果を踏まえ、プロジェクト計画に反映していきましょう。

　廃止設計の大きな流れは下記の通りです。

1. 廃止対応の大きな方向性を決める
2. 影響調査を行う
3. 対応概要を確定させる

　これらを実行するための廃止設計実行計画書を作成しましょう。

　廃止設計書として作成するべき要素を表7.1に挙げます。これらを、段階を踏んで決めていきます。

1. 廃止対応の大きな方向性を決める

　まず、表7.1の「廃止の特徴」「廃止方針」を整理し、関連システムへの影響調査ができる状態を作ります。

2. 影響調査を行う

　関連システムへの影響調査を実施し、本対応における関係者を洗い出しましょう。

3. 対応概要を確定させる

　影響調査結果をもとに、各関連システムを含む本廃止対応の対応概要を確定させます。ここでは、各関連システムの事情も考慮し、対応内容を調整していく必要があります。また、廃止において必要となる「告知」などの対応につい

表 7.1 廃止設計書の要素例

要　素	内　容
廃止の特徴	特徴をまとめます。たとえば「関連システムが膨大にある」「外部サービスの都合に合わせて対応する必要がある」「〇〇日施行予定の法律対応は現システムは行わないため、それまでに新システムへの移行が必須」などです。
廃止方針	どういった作戦で廃止を実施していくかを設計します。たとえば「リスクを減らすために段階的に廃止する」「コストを抑えるために一斉廃止する」などです。
対応スコープ	影響調査などを経て、廃止の対応スコープを定義します。
対応概要	廃止するために、どのような対応を実施していくかを記載します（廃止するためのタスクとその内容を設計）。廃止のためにプログラムなどの作成が必要であれば、それも記載します。
告知	廃止に向けて、利用者（顧客を含む）へのアナウンスがいつ、どのような内容で必要になるかを整理します。たとえば、提供しているサービスが終了する、利用者へのお願い事項は〇〇です、といった内容です。
（補足）影響調査方法・結果	対応スコープや対応概要を決めた根拠となる、影響調査の方法や結果をまとめます（廃止における重要な情報であるため）。

ても、いつ、誰に、どのような内容を伝えていくのかを設計します。

　最後に、完成した廃止設計書を関係者（業務部門を含む）にレビューし、社内で承認を得ましょう。情シスで閉じた対応として完遂できる場合は、その範囲でかまいません。妥当なレビュー先は、プロジェクト責任者と相談しましょう。

| Plan | Do | Check | Action |

| Plan | Do | Check | Action |

　廃止設計、実行計画の振り返り、改善対応を行います。特に、スケジュールの都合などで申し送り事項となった点を漏らさないように注意しましょう。設計した内容をプロジェクト計画にも反映しましょう。振り返りの方法については、「8.6　各工程の「改善時」に検討すべきこと［Action］」も参考してください。

7.3.2 廃止設計のポイント

廃止の肝は、「正しい影響範囲」を見極められるかどうかです。見極めのためのポイントを紹介します。

⊙ スコープは素直に線引きすること

廃止においては、スコープを自由に設定することはできません。止めなければならないシステムがある以上、影響が発生するシステムをスコープから外すことができないためです。

⊙ 影響調査に100点はないと考えること

廃止において最も重要なのは影響調査です。影響範囲の見極めに失敗すると、必ず何かしらのトラブルが発生すると心しておきましょう。

影響調査の方法は後述しますが、廃止計画自体は「影響調査で100点を取るのは不可能」という前提で作ってください^{注7.1}。

なぜ100点が取れないのか。それは影響調査が難しいためです。影響調査が難しい理由は、「これを確認すれば絶対に大丈夫」といった確認観点や確認手段がないためです。

表7.2に、影響調査の実施方法と注意点をまとめました。効果的な手法を組み合わせて影響調査を実施しましょう。

⊙ 関連システムへの影響調査は変更点を具体的に伝えること

影響調査は、関連システムでも実施してもらう必要があります。関連システム側の対応内容も整理する必要があるためです。しかしながら、関連システムからすれば本システムが何をするのかが分かりません。そのため、影響内容を具体的に示す必要があります。

システム同士で明示的に連携を行っているケースについては、「廃止インターフェース一覧」など、システム上接続している定義そのものの単位で明確に伝えます。それぞれのインターフェースに対して、どのタイミングから廃止になるのか、一部仕様が変わるのであればその内容も明記することが大切です。

その一方で、「廃止予定システムのIPアドレスに対して別システムが監視を

注7.1　何か問題が発生する前提で計画を立ててください、という意味です。影響調査を定期的に実施する、スケジュールにバッファを持たせる、などが策として考えられます。

設定している」といった、廃止予定システムからは見えづらい繋がりもあります（受け身な繋がり）。これを相手側に認識してもらうために、廃止予定シス

表 7.2 影響調査の実施例

方　法	実施内容
設計書の確認	廃止予定システムの設計書から、関連システムを網羅します。ただし、設計書が100%正しいと鵜呑みにしないことが大切です。内容のメンテナンス漏れなどは十分に起こり得ます。
プログラムの確認（廃止予定システム）	他システムとのファイル接続やAPI接続など、外部と接続しているプログラムや設定内容から、影響する関連システムを抽出します。
プログラムの確認（関連しそうなシステム）	廃止予定システムに関係するキーワード、インフラレベル（IPアドレスなど）の固有キーなど、関連システムにおいてこれらのキーワードを含むプログラムがないかを検索・確認します。関連システムから接続しているケースについては、廃止予定システム側では把握できない場合があります。どういったキーワードで調査するか具体例を提示し、さらに影響があった事例なども添えて依頼すると、品質の高い影響調査が可能となります注7.2。
ログの確認	システムログや運用ログなどから、外部と接続しているシステムを洗い出します。また、アクセスログから、どういった部署が利用しているかを押さえ、影響についてヒアリングします。しかしながら、一定期間分のログしか残っていない可能性や、必要な情報がログに残っているとは限らないといった可能性もあります。また、頻繁に稼働しないシステムや業務が漏れる可能性にも注意が必要です。
利用部署へのヒアリング	廃止予定システムを使って、その後続でどういった処理をしているのかを確認します。EUCツールがあるなど二次利用されているケースは、そのEUCツールへの影響、さらにその後続影響を芋蔓式に確認します。近年、普及し始めたRPAに関しても影響する可能性が高いです。
新規構築時のドキュメントの確認	構築時のプロジェクト計画・要件定義・基本設計書などは、当初の構築内容が把握できる大切な参考情報です。
過去のリリースや障害情報の確認	リリース時に、関連するシステムもリリース確認を実施していると思います。また、障害発生時は、その影響範囲の情報が残されているはずです。これらも大切な参考情報となります。
外部サービスなどの契約情報の確認	廃止予定システムで過去に契約した外部サービスなどがあれば、その契約情報も大切な参考情報となります。
影響の確認依頼アナウンス	関係者全員に「〇〇の対応を行います。対応内容から、担当システム・業務に影響が考えられる方はご連絡ください。」とアナウンスします。念には念を入れて実施しておくのが良いでしょう。
類似調査	影響調査の後に抜け、漏れが判明した場合は、その原因を深掘りしましょう。同じ理由で抜け、漏れが発生している関係者がいないかどうかを再度確認します。

注7.2　影響を受けるシステムへの連絡方法は、ポイント「関連システムへの影響調査は変更点を具体的に伝えること」も参照してください。

テムの情報一覧（システム名、ネットワーク名、IPアドレスなど、インフラ要素）を提供しましょう。

◉ 関連システム対応による影響も確認すること

関連システムが見えてくれば、そのシステムの対応を整理できます。しかしながら、関連システムがさらに別の関連システムと接続しており、そちらにも影響がある可能性が考えられます。これは、一つずつ繋がりの線を辿っていくしかありません。

それらの影響、対応内容すべてを、本案件として管理してください。「対応システム一覧とその概要」「廃止・変更インターフェース一覧」などを作成し、全体を管理できるようにしましょう。

◉ 協力体制を作ること

システム起因による廃止は、業務部門からすると厄介事でしかなく、他人事

COLUMN

開発ベンダによる影響調査方法と結果の妥当性は確認しよう

スクラッチシステムにおけるシステム内情報の調査は、開発ベンダに依頼することも多いでしょう。その場合、影響結果を聞いて鵜呑みにするのではなく、詳細を確認してください。何か問題が発生してから「開発ベンダが影響ないと言ったから」といった言い訳は最低です。

影響調査方法は論理的に正しいか、その実施手順は妥当か、作業ミスが発生していないかなど、念入りに確認することをお勧めします。

筆者は影響調査結果が怪しいと感じた時（ここに影響するはずだが調査結果には出ていない、など）は、検索に使ったコマンド文まで確認することもありました。こんな時は、ANDやORの条件を書き間違えていたり、確認する場所を間違えていたりといったケースが見受けられました。

情シスとしても検索コマンド文程度のスキルは持つべきですが、もし実際のコマンド文まで分からなくとも、開発ベンダにその処理内容を確認すれば良いわけです。日本語で論理的に処理内容を確認すれば、その方法が妥当かどうかは分かるはずです。

になりがちです。友好的だったとしても、「システムはよく分からない」とい
う感覚の人も多く、何を協力すれば良いのかが分からない場合も多々あります。

　業務部門の業務でどのようにシステムを使っているのか、情シス側からは見
えないことも多く、廃止にあたって業務部門にさまざまな確認をお願いするこ
とになります。そのためには、きちんと説明することが大切です。どういった
お願いがあるのか伝えるのは当然として、廃止の難しさも伝えていくと良いで
しょう（本書記載の事例を上手く使いましょう）。

　きちんと説明するための具体的なポイントを2つ挙げます。

①：承認を得る順番や段取りを設計する
　社内の事情に詳しい人に説明の順番や段取りをレビューしてもらい、問題が
　ないかを確認しましょう。
②：説明した後にどのような状態になっていれば良いのかを予測しておく
　各関係者への説明が完了した際に、どういう状態になっていればその説明が
　合格なのかを意識しながら進めましょう。

COLUMN

プロジェクトスコープをどこで線引きするか

　この関連システムの先にある関連システム……巨大なシステムになれば
なるほど、目眩がするほどの繋がりがあるものです。もちろん、それらも
システム対応する必要はありますが、廃止プロジェクトのスコープにどこ
まで入れるかは検討の余地があります。

　すべての対応をスコープにするのはシンプルですが、とめどなく関連シ
ステムが出てくると、プロジェクト予算が枯渇する可能性があります。ま
た、予算が確定できないという問題もあります。

　「○月○日までにシステム対応が必要と声を上げない場合は、保守案件と
して各自対応する」といった形をとって、前に進むこともあります。こう
したケースでは、責任者も含め、その作戦で進めることの合意をとるのが
ポイントです。強い味方を作らないと、最後は押し切られてしまいますの
で注意してください。

◉ 予算は多めに確保すること

青天井の予算はあり得ませんが、廃止においては、予算のバッファは多めに見積もりましょう。構築時とは異なり、廃止において発生する課題は先送りできないことが多いです。構築時であれば「別プロジェクトとして後日実施する」といった切り離しが可能ですが、対応しないと廃止できない課題であれば、絶対に対応しなければなりません。

では、どの程度バッファを積んでおけば良いのでしょうか。状況によりますので一律で伝えることは難しいですが、「課題が発生しなかった時」の積み上げ見積もりの1.5倍〜2倍くらいは欲しくなるかもしれません。

バッファの位置付けについて、社内認識のすり合わせは必ず実施します。そして、運営方法（バッファを使う時のルール）は計画で定めましょう。ただし、実態として、廃止対応で潤沢に予算が取れるケースは少ないでしょう。これらのリスクがあることを認識し、発生した時の対処法を責任者とすり合わせておきます。

◉「利用痕跡がないから廃止」と安易に判断しないこと

システムログを見てもデータに誰もアクセスしていない場合、「そのデータを廃止（削除）して問題なし」という判断になりがちです。しかしながら、それが「法律で10年保存が必要」とされるデータだったらどうでしょうか。データの保全が必要かもしれません。スピーディーな監査対応のために参照機能が必要かもしれません。

「現状使われていない」だけの理由で廃止の判断をするのは危険です。その機能が存在した要件を、業務部門にもしっかりと確認していく必要があります。

基本的に、システムログなどの現状の使われ方から「100%不要」と判断するのは難しいと考え、業務部門への確認を怠らないようにしましょう。

◉ インフラの廃止も忘れないこと

インフラは情シスにとってもやや距離感があるのか、インフラ面の考慮が抜け落ちてしまうことがあります。漏れがちな代表例はネットワークです。そのシステムのためだけに敷設していたネットワーク回線の解約を忘れ、ずっと払い続けていたというケースもあります。ただの損でしかありませんね。

ネットワークの回線そのものの廃止までいかなくとも、ネットワーク機器にIPアドレスなどをセットしていることはよくあります（ファイアーウォールなど）。

COLUMN

ネットワークの廃止も難しい

　難しい、難しいとばかり言って恐縮ですが、ネットワーク廃止ではシステムトラブルが発生することが多いです。そもそも、ネットワーク設定の変更自体、よくシステムトラブルを起こします。昨今の大規模クラウドシステム（AWS、Google Cloud）やCDNサービス（Fastly）などにおいても、ネットワーク設定の変更により大規模なシステムトラブルを起こしています。その理由ですが、筆者は大きく2つあると考えています。

　一つは、ネットワークの利用状況を完全に把握するのが難しいことです。一般的には、ネットワークの稼働ログをすべて取ることはしません。伝送速度に影響が出る上に、膨大なデータとなるためです。このような状態では、「実は半年に一度、データ送受信を実施していました」といったケースがあると時限爆弾化します。

　もう一つは、本当の意味で確認できる環境が本番環境のみであることです。アプリケーションはテスト環境にてほぼ品質確保ができますが、ネットワークはそうはいきません。設定変更の影響範囲が正しく捕捉できずにネットワーク輻輳が起こることもあり得ます。

　筆者も規模の大きいネットワーク廃止関連の対応経験がありますが、どこまで影響調査をしても何か事件が起こりました……「何かあったらすぐに元の状態に戻せる」準備をしておくことが、最後の策であり、効果的なものでした。

◉ 廃止作戦が現実的か確認すること

　どのように廃止を実施していくか。その作戦が、すべての成否を握ります。品質を重視するのか、コストを重視するのか、期日厳守を重視するのか。それによって、とるべき作戦がまったく変わってきます。

　絶対にトラブルを発生させてはいけないシステムであれば、段階廃止（少しずつ廃止して影響を小さくする）の形も考えられます。とにかくコストを抑えたいのであれば、一気にシステムをオフにするのも良いでしょう。

　そして、その作戦が「現実的にできることか」をしっかりと確認します。たとえば「一気にオフにする」と作戦を立てたところで、関連システムが揃ってそのタイミングでオフにできるのでしょうか。問題発生時に、業務に大きな影

響が発生しないように対策がとれるでしょうか。そうしたリスクも考えて廃止作戦を検討し、社内で承認を得ましょう。

7.3.3 特に重要な社外要因・社内要因

廃止は、すでにあるものに対して対応を行うはずですが、見えやすいようで見えにくい部分もあります。システム的な廃止であるため、業務面での有識者がアサインできない（しづらい）といった状況に陥るかもしれません。視野を広げ、一つずつチェックしていきましょう。

⊙ 社外 法律

法律で保存要件があるものは要注意です。業界固有の法定要件から個人情報保護法といった一般的な法律まで、さまざまなものがあります。帳簿データから監査ログのようなものまで、さまざまなデータが対象となっている可能性があります。破棄した証跡が求められることもあります。

データを削除してしまうと、もはや取り返しがつきません。データだけはどこかで保全できるようにしておく、といった考え方もあります（データ量が多いと保全しておくだけでも大きなコストがかかるため、腕の見せどころです）。

⊙ 社外 外部サービス

現状のサービス契約がどのようになっているかも確認しましょう。たとえば、利用を停止するサービスの契約で、「中途解約は違約金○○円が発生する」となっているかもしれません。違約金を払うのが問題なのではなく、費用が把握できていないことが問題です。プロジェクト予算内におさまらなくなった場合、目も当てられません。

外部サービス側が、「どうしてもそのデータを提供してくれないと困る（廃止されては困る）」となるケースもあります。これは調整していくしかありません。

⊙ 社外 外部関係者

通常時に何かしらのやりとり（付き合い）がないと、関係者の連絡先が不明ということがあります。認識している連絡先に連絡しても、先方が退職などでいなくなっていることもあり、体制を組むのに時間がかかるケースがあるので注意しましょう。なお、これは「第6章　運用」でしっかりと管理しておくべき点です。

また、廃止を最後に関係性がなくなるケースも要注意です。対応する側に積極的に協力するインセンティブがなく、非協力的になりがちだからです。相手に依存しきると、こういったリスクも顕在化してきます。

◉ 社内 財務

廃止では、新たな買い物がなくとも会計面での注意が必要です。よく問題になるのが、減価償却の存在です。

たとえば、1年ほど前に構築したアプリケーションを早々に廃止することになったとします。この場合、まだ減価償却が終わっていない可能性があります。ハードウェアに関しても同様です。5年かけて償却（1億円の支出をした場合、会計上は2000万円/年で計上していきます）の予定が、「廃止＝除却」扱いとなり、廃止のタイミングで残りの償却分がすべて計上されてしまい、会計（決算）にインパクトが出る可能性もあります（会計上の赤字になる可能性もあります[注7.3]）。

状況によっては、廃止スケジュールを延ばしてほしい、といったこともあり得ます。また、適切な処理をしないと粉飾決算にもなりかねません。廃止予定システムが会計上どのような状況になっているか、よく確認してください。

◉ 社内 他案件

稼働している他案件についても、状況は刻々と変化しています。廃止対応の影響範囲が変わっていないか、定期的な確認が必要です。具体例については、この後の失敗事例で紹介します。

◉ 社内 文化・組織・体制

よくある問題トップ3に入りそうな「有識者がいない」問題。システム構築時のメンバがいないことはもちろん、業務をしっかりと分かっているメンバがいないこともあります（しっかりとした体制を組む以前の問題ですね）。

正直なところ、この状況の時点で打てる手立てはあまりありません。状況を責任者とも共有して、現状でできる限りのことは実施し、最後は腹をくくって対応するしかありません。そして、その苦労を無駄にはせず、次回の廃止対応案件では改善できるようにしましょう。

注7.3 詳しくは専門家にご確認ください。

⊙ **社内** 社内ルール

「[社外] 法律」とも似ていますが、社内ルールにも注意しましょう。たとえば「取引情報は○年間保存すること」といった社内ルールが存在するケースもあります。

7.3.4 失敗事例 いつの間にかデータ利用が開始されており、システム廃止とともにトラブル発生！

⊙ **関連要因**

社内 他案件

⊙ **事件の概要**

業務のコアとなるシステムを老朽化のため廃止、新システムへの移行を行うことになりました。廃止予定のシステムにしかないデータが存在しましたが、廃止計画作成時の影響調査において、当該データは「廃止で問題なし」という結果でした。

しかしながら、長期間に及ぶ廃止対応実施の間に、別システムにおいて当該データを使い始めていたのです。当然ながら廃止実施とともにトラブルとなり必要であることが発覚したものの、すでに業務は新システムで行っているため廃止システム側で対応することができず、緊急で新システムを改修することになってしまいました。

⊙ **問題点**

・結果的に「廃止してはいけないデータ」を廃止してしまった
・影響調査が定点で止まっており、最新状況に追いついていく運用を作らなかった

⊙ **改善策**

まず、関係者全員の認識を合わせておく必要があります。徹底した情報公開、情報共有の仕組を作りましょう。廃止実施中に、定期的な影響調査や再アナウンスを行うことも効果的です。システム的なアクセスコントロールが可能であれば、廃止宣言した後は新たな利用者が出現しないように対策するのも良いでしょう（許可がないとアクセスできないようにする、など）。

7.4 廃止実施

● 「廃止実施」ステップの概要

項　目	内　　容
ステップ名	廃止実施
目　　的	廃止設計に則って廃止を実施し、廃止を完了させる
インプット	廃止設計書
アウトプット	システム廃止そのもの、廃止結果報告書

● 想定体制図

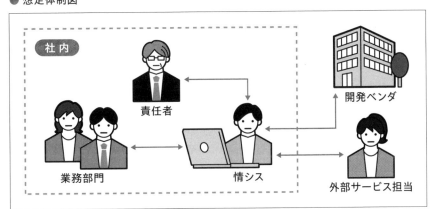

● 各担当者の活動タスク

担当者	活動タスク
情シス	・廃止実施の全体管理　・廃止タスクの実施 ・業務部門との連携（対応依頼、各種サポート） ・責任者への報連相　・外部サービス担当との調整 ・外部サービスの契約終了　・開発ベンダとの連携 ・廃止結果報告書の作成、評価、改善
業務部門	・廃止タスクの実施　・情シスとの連携
外部サービス担当	・問い合わせ対応　・廃止タスクの実施　・サービス契約終了
開発ベンダ	・廃止タスクの実施　・情シスとの連携
責任者	・プロジェクト実施サポート　・最終的な判断

7.4.1 廃止実施の活動内容

廃止設計で整理した内容を、個々に実施していきます。このステップにおけるシステム改修対応は、「3章　システム開発」の該当するステップを参照してください。本節では、廃止全体を進めていくためにやるべきことを解説します。

それぞれの廃止タスクの実施を管理するための、実行計画書を作成します。いつ、何を廃止して、何を確認していくのか、どういった体制でそれらのタスクにあたるのか、実際に活動できる形を計画しましょう。

廃止の対応内容によってさまざまなタスクが発生しますが、最後の最後はシステムリリースと同じです。何かあった時の対策を検討し（コンティンジェンシープランの策定）、確認ポイントを整理して実施しましょう。システムに変更を加える時に何をする必要があるかは、「3.8　移行リハーサル・移行本番」を参考にしてください。廃止にあたり、システム改修を行う関連システムも出てきます。改修対応（プログラム開発）自体は「第3章　システム開発」と同様ですので、そちらを併せて確認してください。

Plan	Do	Check	Action

Plan	Do	Check	Action

廃止結果報告書を作成します。活動の評価、今後に向けて良かった点、悪かった点、改善点の洗い出しを行いましょう。振り返り方については、「8.6　各工程の「改善時」に検討すべきこと［Action］」も参考にしてください。

7.4.2 廃止実施のポイント

廃止は柔軟に、そして後片づけも最後までしっかりと行うのがポイントです。

◉ 計画遵守ではなく柔軟な対応をすること

　廃止が難しいのは、「今使っているシステム」であるということです。廃止に向けて何か問題が発生したとしても、後日対応といったことができません。場合によっては、廃止計画自体に大きなインパクトがある問題が発生するかもしれません。こうした場合に必要なのは柔軟さです。計画遵守ではなく、柔軟に対応を行いましょう。もちろん、その場合は廃止設計書の内容も見直します。

◉ 廃止のすべてが完了するまでしっかり確認すること

　廃止の実施中にすぐに問題が発生すれば気がつきますが、そうではないこともあります。廃止システムと関連するシステムの処理が、すべて一度に稼働するわけではないためです。たとえば月に1回のみ稼働する処理、などはよくある話ですね。

　どこまで確認できれば廃止完了と判断できるのか、事前にしっかりと整理し、確認ポイントを置きましょう。しかしながら、半年後に発生する確認ポイントのためにプロジェクト体制を維持するのは困難でしょう。その場合は、保守・運用部門に引き継ぎます。

◉ メンテナンス資料への反映を忘れないこと

　保守・運用をしてきたメンテナンス資料などへ、廃止情報の反映をしっかり

COLUMN

メンテナンス資料への反映は保守・運用担当が しっかりと意識しよう

　廃止プロジェクトの主要メンバは、廃止システムを担当していたメンバであることが多いです。そもそも廃止するシステムに詳しいので、必然的にアサインされることでしょう。

　ただしこの体制は、廃止プロジェクトの終了とともに解散となります。そのため、まだ稼働している関連システム側の保守・運用については、「後は勝手にどうぞ」となることが多いです。そもそも、廃止完了とともに体制解散となることも多いため、関係者へのアナウンスを行う暇すらないかもしれません。まだ稼働している関連システムの担当自身がメンテナンスを忘れないように意識しましょう。

と行いましょう。正しい情報が反映されていない資料は、次のシステムトラブルの元となります。廃止計画の影響調査時に関係者にアナウンスしたように、メンテナンス資料を正しく更新するように呼びかけて対応しましょう。

7.4.3 特に重要な社外要因・社内要因

システム的な関連性がある要因には要注意です。

⊙ 社外 外部サービス

自社内担当者との調整とは異なり、外部サービスへの依頼や調整は難しいことが多いです。外部サービス側の都合もありますし、そのサービスとしてのポリシーもあります。別途、対応コストが発生するかもしれません。何かしらの強い依頼事項（廃止タイミングでは○○の特別作業をしてほしい、など）があるのであれば、特別な契約をして体制に入ってもらうなどの対策を行いましょう。

⊙ 社内 他案件

廃止設計時にも他案件は要注意でしたが、もちろん廃止実施時でも要注意です。

他案件には他案件の都合があります。こちらの廃止スケジュールについてこられない状況かもしれませんし、廃止に影響のある対応を実施しているかもしれません。特にシステム規模が大きくなればなるほど（関わる人数が多くなればなるほど）、本体が廃止を行っている内容は行き届かなくなります。

しっかりとコミュニケーションを取ることができるようにすることが大切です。プロジェクト計画書においても、どのようにコミュニケーションをとっていくか、その方法をしっかりと作り上げて実践しましょう（コミュニケーション管理）。コミュニケーションの方法の一つとして、関連する案件のプロジェクトマネージャ同士が情報交換のための定例会議を行う方法が有効なことが多いです。

7.4.4 失敗事例 外部サービスへの依頼が上手くいかず、無関係の他社に影響発生！

◉ 関連要因

社外 外部サービス

◉ 事件の概要

　廃止予定のシステムは、とある外部サービスからデータを受信しており、データ連携の停止タイミングを当システムの廃止タイミングに合わせるよう依頼をしていました。しかしながら、この外部サービスにおいてデータ連携の開始・廃止は月1回の決められたタイミングのみであり、この依頼は断られていました。そして、その状況を正しく把握できていなかったのです。

　こうした状態で廃止を実施したところ、廃止のタイミングで外部サービス側ではデータ連携処理に失敗。その影響で、外部サービスから他社[注7.4]へのデータ連携に遅延が発生し、間接的に他社に迷惑をかけることになってしまいました。

◉ 問題点

・外部サービスとの調整状況を正しく管理できていなかった
・廃止作業を開始して良いかどうかのチェックが甘かった

◉ 改善策

　外部サービスのような外のシステムは、自社から影響を把握することができません。また、自社内とは異なり融通が利かない（利かせられない）こともあります。廃止作業によるシステム影響を外部サービス側にきちんと伝え、内容を確認・了承を得ることが大切です。また、双方向のコミュニケーションをきちんと確立した上で、「廃止作業が開始可能」と判断できるチェックポイントを決めましょう。

　自社として責任が取れるよう、コミュニケーションや管理のレベルを上げるべきです。下手をすれば訴訟にまで発展することもあり得るので、丁寧に対応していきましょう。

注7.4　ここでの他社は、自社とはまったく面識がない企業です。もちろん、その企業から直接クレームがあったわけではありませんが、外部サービス側とのもめ事に発展しました。

7.5 この章のまとめ

　稼働しているシステムを廃止する際には、想像以上にいろいろな罠が待ち受けています。柔軟に計画を変更し、廃止を無事に完遂しましょう。章の最後に、各ステップのポイントを表7.3にまとめます。

表7.3　各ステップのポイントまとめ

ステップ名	ポイント
プロジェクト計画	(「3.2.2　プロジェクト計画書作成のポイント」を参照)
廃止設計	・スコープは素直に線引きすること ・影響調査に100点はないと考えること ・関連システムへの影響調査は変更点を具体的に伝えること ・関連システム対応による影響も確認すること ・協力体制を作ること ・予算は多めに確保すること ・「利用痕跡がないから廃止」と安易に判断しないこと ・インフラの廃止も忘れないこと ・廃止作戦が現実的か確認すること
廃止実施	・計画遵守ではなく柔軟な対応をすること ・廃止のすべてが完了するまでしっかり確認すること ・メンテナンス資料への反映を忘れないこと

第 8 章

マネジメント

8.1 「マネジメント」とは

　マネジメントとは、元々はアメリカの経営学者P.F.ドラッカーが生み出した概念だと言われています。

　ドラッカーによれば、マネジメントとは「組織に成果を上げさせるための道具、機能、機関」と位置付けられています。詳しく言うと、「自社のヒト・モノ・カネ・情報を正確に把握した上で最大限活用や管理を行い、自社のミッションや部署の目標を達成すること」です。本書のどの工程であっても、ヒト・モノ・カネ・情報を見える化し、適切に管理し、状況に合わせて適切な対処を行っていくことが重要です。

　マネジメントは本当に幅広い範囲に関係する用語であり、たとえば人事制度などにも波及してしまいますが、本書においては「システム構築・保守・運用に関するプロジェクトマネジメント」を指します。新規構築だけではなく、保守でも運用でも、軽重はありますが同様に管理していくことが大事です。

8.1.1 鳥瞰図における位置付けと内容

図 8.1　マネジメントフェーズの位置付け

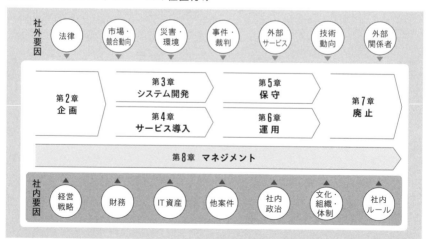

　鳥瞰図における本フェーズの位置と、その中のステップについて説明します（図8.1）。

　本章は、以下の5つのステップで構成されます（図8.2）。

図8.2　マネジメントフェーズのステップ

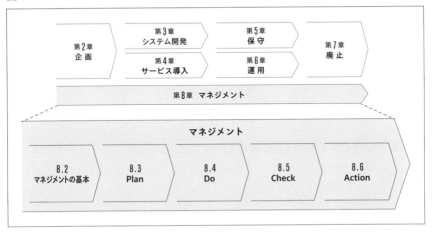

　まず「8.2　マネジメントの基本」では、マネジメントの概念や考え方について説明します。

　「8.3　各工程の「計画時」に検討すべきこと［Plan］」では、計画についてポイントを説明します。特に第3章の各工程については、必ず計画を行うタスクが発生します。その他の章においても適宜必要となりますので、それぞれの章を確認してください。

　「8.4　各工程の「実行時」に確認すべきこと［Do］」では、各工程での実際の進捗モニタリングや課題モニタリングなど、モニタリングに焦点を当てて説明します。

　「8.5　各工程の「評価時」に確認すべきこと［Check］」では、工程完了時の評価を行う際に実施すべきことについて説明します。

　最後の「8.6　各工程の「改善時」に検討すべきこと［Action］」では、評価に対してどのような改善を行うかを検討します。

　以降で、もう少し詳しく見ていきましょう。

◉ 8.2　マネジメントの基本

　「8.2　マネジメントの基本」では、そもそもマネジメントとは何かという説

第1章　第2章　第3章　第4章　第5章　第6章　第7章　第8章　マネジメント

明や、マネジメントの基本的な内容について、PMBOK（Project Management Body of Knowledge）ガイドブックと呼ばれる専門用語とガイドラインを提供する書籍の内容をもとに解説します。PMBOKガイドブックはアメリカの非営利団体であるPMI（Project Management Institute）が発行しています。

　PMBOKガイドブックの考え方は大規模開発を想定しており、かつ実践的な内容は記載されていません。PMBOKそのものを説明すると、それだけで1冊本が書けてしまいますが、本書ではより実践的な内容を見据え、PDCAサイクルのフレームワークを主眼においてどのようなことを検討すべきかを解説します。基本的に、プロジェクトは継続的に改善しながら進めていく必要があるため、PDCAのサイクルで考えるのが良いでしょう。

◉ 8.3　各工程の「計画時」に検討すべきこと［Plan］

　何を実施するにあたっても、まずPlan（計画）が非常に重要です。Planの良し悪しで、その後のすべてが決定すると言っても過言ではありません。各工程での計画時のポイントや、どのようなことを検討するかについて解説します。

◉ 8.4　各工程の「実行時」に確認すべきこと［Do］

　Planで定めたことがそのまま順調に進むことはまずありません。課題が発生して障壁になってしまったり、リスクが顕在化して物事が上手く進まなかったりします。そのため、順調に進んでいるかどうかを実行時に確認し、いかにコントロールするかが大事です。本ステップでは、具体的な確認方法やコントロール手法について解説します。

◉ 8.5　各工程の「評価時」に確認すべきこと［Check］

　Check（確認）においては、Planで定めた各工程の完了基準を満たしているかどうかを確認することが非常に重要です。また、計画通りに実行できているかどうかの確認も重要です。計画通りに実行できなかった場合、なぜ実行できなかったのかについて、要因分析を入念に行う必要があります。

◉ 8.6　各工程の「改善時」に検討すべきこと［Action］

　ここでは、振り返りを必ず行い、どのような点が良かったのか、どのような点が悪かったのかをしっかりと分析し、次の工程・次のプロジェクトに繋げることが大事です。Checkにおいて要因分析が正しく行えていないと、方向のず

れた対策・改善を行うことになってしまいますので注意が必要です。

COLUMN

PDCA サイクルの Check（評価）は本当に大事！

　本書は全体を通じて、至るところにPDCAサイクルについての記述があります。これほど重要視しているのは、プロジェクトのマネジメントや目標に向けて行動し前進するための手法として非常にわかりやすく、誰もが知っており、効果的であるためです。

　このPDCAサイクルですが、Plan（計画）とDo（実行）はどの現場でも実施されているものの、Check（評価）やAction（改善）は忘れ去られていることも多いです。しかしながら、筆者はCheckこそが最も大事だと考えています。

　なぜなら、決められた目標に対して、何事もなく上手くいくことはまずありません。上手くいかなかった点を評価して振り返り、次に繋げていくことが重要です。そして、次に繋げるためのアクションの良し悪しを決めるのが、このCheckの役割なのです。

　また、計画時から「どう評価するか」を意識しながら計画を立てることも大切です。そうしないと、「評価ができない計画」を立ててしまう可能性があります。

8.2 マネジメントの基本

8.2.1 マネジメントの基本とは

⊙ ドラッカーが提唱するマネジメントについて

このマネジメントという言葉の発祥は諸説あるようですが、一般的にはP.F.ドラッカーが1973年に著した著書『マネジメント』注8.1の中で提唱した言葉だとされています。

ドラッカーは、「マネジメント」と、マネジメントを行う人である「マネージャ」について次のように定義しています。

・マネジメント：組織に成果を上げさせるための道具、機能、機関
・マネージャ　：組織の成果に責任を持つ人

つまりマネジメントとは「管理」という単純な意味ではなく、組織全体に成果を上げさせるためにどうするべきか、という基本概念を指します。

また、ドラッカーは、マネジメントの役割については、大きく次の3点を定義しています（**表8.1**）。この3点については、システム開発におけるプロジェクトマネジメントにも通ずる内容だと考えてます。

⊙ 本書で定義するプロジェクトマネジメントについて

このように、ドラッカーのマネジメント理論は、組織全体のマネジメントを指していることがわかります。一方、本書が扱うプロジェクトマネジメントは、組織のマネジメントを形成する一部として存在します。

では、本書が扱うプロジェクトマネジメントとは具体的に何でしょうか。プロジェクトマネジメントとは、納期が決められているプロジェクトを、綿密な計画を立てコントロールしながら成功に導いていくことを指します。

注8.1 『ドラッカー名著集13　マネジメント［上］―課題、責任、実践』／P.F.ドラッカー［著］／上田惇生［訳］／ダイヤモンド社／2008年

表 8.1　ドラッカーが定義するマネジメントの役割

役　　割	概　　要
組織が果たすべき ミッションを達成するため	組織がそれぞれ特有の果たすべきミッションを把握して、それを適切なマネジメントにより達成し成果を上げる必要があります。この組織全体の持続的な発展をマネジメントの役割と定義しています。
組織で働く人たちを 活かすため	組織はそこで働く人たちに自己実現できる場を与えて活かし、働く人たちはその中で自己実現をしていきます。マネジメントすることで、一人ひとりの強みを業務に活かして、成果を上げることができます。
社会に貢献するため	組織の果たすべきミッションを達成することは、最終的に社会へ貢献していなければなりません。さらに、マネジメントにおいては長期・短期の「時間軸での視点」で動くことも重要であるとしています。

　プロジェクトマネジメントのノウハウとしては、アメリカの非営利団体PMIが1987年に刊行したPMBOK（Project Management Body of Knowledge）と呼ばれる知識体系が有名です。PMBOKの内容は、4年に1度くらいのペースで改定されています。2021年9月時点の最新版は第7版ですが、大型の改変が行われています。アウトプットのデリバリーから価値のデリバリーが重視され、よりいっそう「アジャイル方式」の考え方にシフトチェンジしています。第6版までは「ウォーターフォール方式」のように、成果物とプロセスを中心とした内容になっています。

　現代は、アジャイル方式での対応がトレンドと言われますが、まず知るべきは現在でも主流であるウォーターフォール方式であると筆者は考えています。アジャイル方式だからマネジメントが不要というわけではなく、むしろ、固すぎる管理にとらわれることなく、マネジメントの本質をつかみ柔軟に対応していく高度なマネジメント力が求められます。このようなマネジメントの基本はウォーターフォール方式にあります。

　本書では、PMBOK第6版やISO21500などのガイドラインを下敷きにしつつ、より実践的な内容を交えて解説します。具体的にはPDCAサイクルをベースに、どのプロセスで何をするべきなのか実践的な内容を取り上げています。経験上、どの工程であってもこのPDCAサイクルは崩れないというのが筆者の持論です。

第1章
第2章
第3章
第4章
第5章
第6章
第7章
第8章
マネジメント

世界標準の PMBOK ガイドの動向を確認しよう

　世界のプロジェクトマネジメントの標準になっているPMBOKガイドの動向を確認しましょう。第7版では時代に即して、アジャイルのベストプラクティスに生まれ変わりました。ガイドブックの内容を確認することで、時代に即したマネジメントを実施できるようになります。また、開発ベンダとも対等に会話できるようになるでしょう。

PMP 試験と情報処理技術者試験
（プロジェクトマネージャ試験）の違い

　プロジェクトマネジメント関連の試験の一つに、PMBOKガイドを刊行するPMIが認定する「PMP」があります。また、日本で権威のあるIPA（独立行政法人 情報処理推進機構）が実施する情報処理技術者試験にも「プロジェクトマネージャ試験（PM）」があります。両者はよく比較されるのですが、その違いについて簡単に触れておきます（表8.2）。

表 8.2　**PMP 試験とプロジェクトマネージャ試験の比較**

項　　目	概　　要
対象とする業界	PMP試験は対象とする業界を問いません。プロジェクトマネージャ試験は、主にIT業界を対象としています。
内容	いずれも、求められる知識はPMBOKに沿った管理手法です。プロジェクトマネージャ試験は、それに加えて+αの知識を求められる印象があります。
周囲からの評価	PMPは海外のデファクトスタンダードであり、海外の開発ベンダや開発チームと仕事をするならお勧めです。日本国内においては、IPAのプロジェクトマネージャのほうが知名度があります。
試験の受験方法、資格の更新方法	PMP試験は随時受験可能です。「PDU」という、資格維持に必要な学習を定量的に認定する単位を集め、更新する必要があります。更新サイクルは3年ごとで、60PDUを集めてPMIに報告することで更新できます。プロジェクトマネージャ試験は年1回、4月に受験可能です。更新の必要はありません。

8.3 各工程の「計画時」に検討すべきこと［Plan］

8.3.1 検討すべきことは何か

　各工程の計画時には、3章などにも記載したように、各工程の実行計画書を策定しましょう。**目的は、プロジェクトメンバを同じ方向に向かせること**です。各工程の開始時に計画を作成しないと、各々が好き勝手動き出してしまう可能性があります。前工程の中盤から終盤にかけて作成するのが一般的です。

　実行計画書には、進捗・課題・リスクをどのように監視、コントロールしていくのかを記載します。以下に、3章でも説明した要件定義実行計画書を記載します（表8.3）。主に発注者側は要件定義実行計画書を作成し、開発ベンダ側はそれ以降の実行計画書を作成することが多いです。なお、表8.3に記した構成例をそのまま利用するのではなく、プロジェクトの規模や複雑さに応じて内容を改変していくことが重要です。

表 8.3　**要件定義実行計画書の構成例（3 章から抜粋）**

実行計画書項目	内　　容
背景・目的	プロジェクト計画書から転記します。
プロジェクトスコープ	プロジェクト計画書から転記します。
プロジェクトの特徴	プロジェクト計画書から転記します。
プロジェクト方針	プロジェクト計画書から転記します。
マスタスケジュール	プロジェクト計画書から転記します。
要件定義工程における前提条件・制約条件	要件定義工程において、何か前提や制約となることがあれば記載します。たとえば、「○○部署は9月まで業務が繁忙期であるため、要件定義は10月から参画となる」などです。
要件定義工程のゴール	要件定義工程がどうすれば終わるのかゴールを書きます。
要件定義基本方針	要件定義工程が発散しないように基本方針を設定します。たとえば、パッケージを導入する場合であれば、ノンカスタマイズで対応するなどです。
要件定義工程成果物	要件定義工程の成果物を成果物一覧としてまとめます。具体的に誰が作成するかまで記載できると役割が明確になります。

第1章
第2章
第3章
第4章
第5章
第6章
第7章
第8章
マネジメント

要件定義工程スケジュール	要件定義工程に特化したスケジュールを作成します。
要件定義工程のタスクと進め方	上記のスケジュールに合わせたタスクと、その進め方について記載します。
体制図	要件定義工程の体制図を記載します。ポイントは指揮命令系統とコミュニケーションパスをはっきりさせることです。
課題管理	課題が発生した際に、具体的にどのように管理するのかを記載します。
進捗管理	要件定義工程の進捗をどうやって計測するかを記載します。
品質管理	要件定義工程の品質をどのように担保していくのかを記載します。たとえば、要件定義時点で総合テストのテストケースを作成することにより、曖昧な要件になっていないかを確認できます。
会議体	会議体などを設定する場合、ここに記載します。
ドキュメント管理	成果物などを具体的にどこで管理するのかを記載します。ファイルサーバのパスなども記載します。

8.3.2 各工程の「計画時」に注意すべきポイント

計画では、決して一人よがりにならず、関係者と内容を共有しながら進めることが重要です。

◉ 関係者とのすり合わせ、変更内容の周知を実施すること

計画書で最も重要と言っても過言ではないのが、関係者としっかりすり合わせたものになっているかです。一人で作成した計画書は何の意味もありませんし、それでは関係者が動いてくれません。また、作成後や変更後にも内容を正式に展開しましょう。これにより、関係者と共通の認識を持つことができます。

◉ 各工程のゴールを明確に定めること

各工程には明確なゴールがあります。各工程でどこまで何を進めるべきかゴールを定め、それを達成できなかった場合のアクションも明確にしましょう。開発ベンダが作成する計画書に対しても、ゴールが明確になっているかどうかを確認ポイントとして必ず挙げるべきです。

◉ 計画の実行可能性をシミュレーションして確認すること

会議体や進捗管理の頻度については、実際の活動をイメージしシミュレー

8.4 Do   8.5 Check   8.6 Action

第1章
第2章
第3章
第4章
第5章
第6章
第7章
第8章
マネジメント

ションしながら記載することが重要です。実際の活動をシミュレーションしないと実行可能性が伴わず、各メンバが混乱してしまう恐れがあります。実行可能性を評価するためにも、具体的な活動をシミュレーションしながら計画としてまとめましょう。

　開発ベンダが作成した実行計画書に対しても、実行可能性が伴っているかがレビューポイントになります。

⊙ 実績のある実行計画書のフォーマットを用いること

　一からすべてを作成するのは非常に労力がかかりますし、抜け、漏れが発生する可能性もあります。観点の抜け、漏れを防ぐためには、過去の実績あるプロジェクトのフォーマットを流用し、そこに今回のプロジェクト独自の観点などを追記する方法をお勧めします。社内にフォーマットがない場合は、「3.2 プロジェクト計画」にサンプルフォーマットを記載しているので参考にしてください。

⊙ 悪い未来も良い未来も先読みして動くこと

　プロジェクトマネジメントで一番重要なことは、未来を先読みして動くことです。リスクマネジメントがこれに当たります。リスクは、悪い不確実性と良い不確実性の両方を指します。

　行き当たりばったりで物事に対処し、「気付いたらもう手遅れ」といったこともしばしば見受けられます。こうなってしまうとプロジェクトが頓挫する場合もあるため、開発ベンダと共に「どんな未来が予測されるか」を洗い出し、一枚岩となり未来を先読みして動くことが重要です。これがプロジェクトマネジメントの基本となる考えです。

8.3.3 特に重要な社外要因・社内要因

　計画においては、他に動いているプロジェクト、これから始まりそうなプロジェクトを確認しながら対応することが重要です。

⊙ （社外）法律

　計画書を作成する時は、実施しているプロジェクトに影響を及ぼす可能性がある法律がないか確認しましょう。ある時突然、法律のために改修が必要にな

283

ることもあります。たとえば税制改正です。2019年10月までは消費税8%でしたが、10%に引き上げられました。桁数が2桁に変更されたため、システムの実装によっては大きな影響がありました。さらに、完成直前にこのような制度改正が差し込まれると、改修内容にさらに大きな影響を及ぼす可能性があります。

関連する法律は定期的に内容を確認しましょう。大きな会社では、法律を解釈する専門の部隊を設けることも重要です。

⊙ 社内 他案件

工程の計画を立てる時は、必ず他案件の動向について、どのように監視するのかも含めて明確に記載しましょう。思わぬところで他案件から横やりが入ったり、他案件と一緒にテストをしなくてはならなくなったり、プロジェクトに影響を及ぼす可能性が大いにあります。

⊙ 社内 社内ルール

工程計画書についても、まずは社内で決められたフォーマットがあるか、過去のプロジェクトで作成した実績あるフォーマットが存在するかを確認しましょう。複数ある場合、各フォーマットの良いところを取捨選択して作成することをお勧めします。

また、プロジェクトマネジメントでは、社内の標準化ルールを策定し、かつそれが関係者の合意がとれたものであることが非常に大事です。合意された正式なマネジメント標準をもとにプロジェクトを推進しましょう。ドキュメントとしての合意がとれていない場合、公式に使用されない可能性、お蔵入りになる可能性すらあります。

8.3.4 失敗事例 クローズしたと思った課題が再燃！

⊙ 関連要因

社内 社内ルール

⊙ 事件の概要

あるプロジェクトにおいて、「リリース前に先行して機能を廃止できるか」という課題がありました。影響調査をした結果、問題はなかったため廃止し、

さらに担当者はその課題についてもクローズしました。

　しかしながら、その機能はユーザが利用しており、すぐに廃止できるものではなかったのです。ユーザからクレームが入り、機能を戻すことになってしまいました。

⊙ 問題点

・工程計画時に課題をクローズする基準を明確に決定していなかった
・クローズした際に、それを誰も疑問に思わなかった

⊙ 改善策

　課題の完了基準として、影響調査までではなく、ユーザ確認までとするべきでした。そして、こうした事態が起こらないよう、**計画策定時に課題管理表のクローズ基準を明記することが重要**です。たとえば「関連チームに影響のある課題だった場合、PMと関連チームのリーダの両者がOKした場合にクローズする」などです。明確にクローズ基準があれば、こうしたポテンヒットはなくなります。

COLUMN

クローズした課題は「地雷」になり得る

　繰り返しになりますが、課題のクローズには細心の注意を払いましょう。マネジメントの失敗は「管理ができていないこと」が大きな原因ですが、クローズした課題は管理外になり、ほぼ誰にも見られなくなります。そのため、真の意味でクローズしていない課題はいわゆる「地雷」と化し、恐ろしいリスクとなります。

　各工程の振り返りで確認することは当然ですが、筆者の経験上、プロジェクトの中盤や終盤など、定期的に「クローズした課題内容を再確認する」ことも有効でした。プロジェクトの状況の変化に伴い、課題が再燃していることもあるためです。

第1章
第2章
第3章
第4章
第5章
第6章
第7章
第8章 マネジメント

8.4 各工程の「実行時」に確認すべきこと［Do］

8.4.1 確認すべきことは何か

　PMBOKにもあるように、各管理項目の監視を行い、プロジェクトが円滑に進んでいるかをチェックします。具体的にチェックすべき点は以下になります。

⊙ **進捗のチェック**

　進捗に問題がないか、週に1回程度、進捗確認の場を設けてチェックします。開発ベンダに依頼してシステム開発をしている場合は、「マスタスケジュール」「中日程スケジュール」、小日程スケジュールとしてもよく利用される「WBS（Work Breakdown Structure）」といったドキュメントを用いて進捗を管理します。

　WBSは、各作業を細かい単位で記載し、階層構造で管理する手法です。稲妻線と呼ばれる、各タスクが遅れているか進んでいるのかを可視化する線を引くことができます。稲妻線をチェックし、遅れているタスクがあれば理由を聞き、必要に応じて発注者側がフォローしましょう。

⊙ **品質のチェック**

　開発ベンダに依頼してシステム開発している場合、「計画書」「設計書」「テスト仕様書」「テスト結果」といった各種ドキュメントが提示されます。ドキュメントの品質に問題がないかチェックしましょう。自社の過去プロジェクトの成果物、開発標準資料を確認することで、抜け、漏れ、過不足を確認します。

⊙ **リスクのチェック**

　関係するメンバ同士で話し合いを行い、リスクを洗い出します。リスク管理表（表8.4）を作成し、発生確率と影響度の分析を行います。その上で、最もリスクスコアが大きいものから優先的に対応していきます。しかしながら、リスクを考え出すと非常に膨大な量になるため、「過去に顕在化したことがあるか」などの基準で考えることをお勧めします。

表 8.4　リスク管理表の例

No.	内　　容	発生確率	影響度	対　　策
1	他で走っている○○案件のリリースが2022年3月から2021年12月に前倒しになるリスク	大	大	PMである佐藤さんと週に1回、状況の確認会を設けてヒアリングする
2	ソフトウェアの外注先からソースコードの納品が遅れるリスク	小	中	先方の渡辺役員に申し入れを行う
3	要件定義工程において、在庫引き当て機能の要件が2021年1月までにまとまらないリスク	中	大	業務部門の中田部長に申し入れを行う

　開発ベンダに依頼してシステム開発している場合、開発ベンダは表8.4のようなリスク管理表を作成することが多いです。発注者側も、要件定義やユーザ受け入れテスト工程など主体的に動く必要がある工程については、リスク管理表を作ることが多くなります。

⦿ **課題のチェック**

　どのような課題が発生しているか、関係者と確認しましょう。必要に応じてPMやPMOがテコ入れを行い、課題の解決を行います。

　開発ベンダに依頼してシステム開発している場合、開発ベンダは表8.5のような課題管理表を作成することが多いです。リスク管理表と同様、発注者側が主体的に動く必要がある工程では、管理表を作ることも多くなります。

表 8.5　課題管理表の例

No.	課題内容	担当	期日	対応方法
1	検索機能の性能要件が未達である	山田	10/31	DBのチューニングを実施する
2	外部接続機能に障害が多い	佐藤	10/31	どのような根本原因が潜んでいるかを再度分析する
3	有識者の山根が今月で離脱するため、代わりの人員を探す必要がある	阿部	11/30	11月中に代わりの人員を見つける

8.4.2 各工程の「実行時」に注意すべきポイント

　実行時には、進捗や課題が問題なく進んでいるかどうか確認することが重要です。どのくらい遅れているか、可能な限り定量的に可視化できると、関係者間での共有もスムーズです。

⊙ チェックポイント（中間確認会）を設けること

　各工程の完了まで何も目標がないと、気付いた時にはプロジェクトが大きく遅延している可能性があります。これを防ぐには、**開発ベンダにあらかじめ相談し、チェックポイント（中間確認会）を設ける**方法が有効です。チェックポイントまでに完了しなくてはならないタスクを明らかにし、「ここまでに完了していない場合、どのような手段をとるのか」をあらかじめすり合わせておきます。

　また、期間が長い場合、必要に応じてチェックポイントを複数回設けることが大事です。また、チェックポイントについては、フェーズゲートと共に計画時に定めることが望ましいです。実施途中で必要になることもありますから、その場合は開発ベンダと相談しましょう。何よりも、問題が大きくなる前に発見、対処していくことが重要です。

⊙ 実行計画書に定めた進め方になっているかを確認すること

　各工程の実行計画書に定めた進め方になっているか、しっかりと確認しましょう。場合によっては、計画した内容が適していないこと、内容が乖離していることも考えられます。こうした場合は、実行計画書の内容を改版します。改版した後は関係者に内容を周知し、変更の承認を得るようにしましょう。

⊙ 計画の見直しも検討すること

　大きな課題の発生など、実行中に計画が破綻していることが明らかになる場合があります。こうした時の対処方法も計画で定めておくべきですが、すべてを見通すことなどできません。この先、建設的な対応ができるように、計画自体の見直しも検討しましょう。

⊙ 品質管理を開発ベンダに丸投げしないこと

　品質管理は、PMBOKで言えば品質マネジメントに当たる部分ですが、品質をすべて開発ベンダにゆだねてしまうのは非常に危険です。設計書のレビュー、テスト仕様書のレビューを発注者側も積極的に行い、共に品質を上げることが重要になってきます。

　しかしながら、あまりに発注者側が関与しすぎると開発ベンダ側も疲弊しますから、良い塩梅で実施する必要があります。

◉ 計画したスケジュール通りに進んでいるかを随時確認すること

　スケジュールマネジメントに当たる部分ですが、当初立てたスケジュール通りに何もかも物事が進むことなどまずありません。開発ベンダが立てたスケジュールに対しても、週1回の進捗報告の場などで確認を行うことが大事です。何か発注者側が手助けできる部分があれば、積極的に実施しましょう。

COLUMN

開発ベンダには甘すぎず、厳しすぎず

　開発ベンダとの接し方は非常に難しいです。そもそも、開発ベンダ側よりも発注者側のほうが業務やシステムに精通していることはよくあります。だからといって、何でもかんでも発注者側が助けてしまうと、開発ベンダ側は甘えてしまい、自ら考えなくなってしまいます。

　その一方で、厳しくしすぎるのもいけません。あまり厳しくしすぎると、開発ベンダ側はだんだん本音を隠すようになり、プロジェクトが遅延していることも隠すようになります。この良い塩梅を探る必要があります。

8.4.3 特に重要な社外要因・社内要因

　実行時に重要なのは、自分が上手く立ち回ることができるように、あらかじめ準備をしておくことです。

◉ 社内 文化・組織・体制

　しっかりとプロジェクトが進んでいるかを監視するためには、体制面も大きな要因になります。各メンバが本音を出しやすいよう、人間関係の土台が整備されているかが確認ポイントになります。各メンバの関係が構築されていないと、悪い進捗は隠すようになります。

　プロジェクト開始前からあらかじめ関係構築をしておくか、必要に応じてプロジェクトオーナの力を借りて各メンバとの関係構築を行いましょう。

第1章　第2章　第3章　第4章　第5章　第6章　第7章　第8章　マネジメント

8.4.4 （失敗事例） 開発ベンダをツメすぎた！ 最低限の対応しか されず品質の悪いシステムに

◎ 関連要因

（社 内） 文化・組織・体制

◎ 事件の概要

定例の進捗報告や各工程の完了会議において、必要以上に開発ベンダを問い詰めてしまったことから、必要最低限の対応しかされなくなってしまいました。加えて、必要最低限の情報しか発注者側に提供されなくなり、意思疎通が上手くできず、結果的に品質が悪いシステムになってしまいました。

◎ 問題点

・開発ベンダ側の落ち度もあるが、必要以上に問い詰めすぎてしまった

◎ 改善策

会話、相談しやすい雰囲気を作り出すことが一番の特効薬となり得ます。専門的な用語では「心理的安全性」と言います。この心理的安全性をいかに高めることができるかが、プロジェクト成功の秘訣とも言えます。また、関係者皆が皆、仕事に対してやる気全開なわけではないため、その点も汲み取る必要があります。

結局、システム構築は「人」で成り立っています。PMBOKのようにマネジメントとしてすべきことはありますが、最後の最後は、「人」と「人」の付き合い方が大切です。

設計、プログラム、テストなどにおいて、何かの不備に気が付くかどうかも、最後は人としての能力が大切です。

怒りをマネジメントしよう（アンガーマネジメント）

仕事をしているとイライラすることもあり、つい開発ベンダに強くあたってしまうことがあるかもしれません。しかしながら、それによって開発ベンダ側が萎縮してしまい、さらなる悪循環に陥る可能性もあります。このような時に使える手法の1つがアンガーマネジメントです。次のようなメリットがあり、対処方法も難しいものは特にありません。

◆ アンガーマネジメントのメリット
1）感情を素直に表に出せるようになる
2）ストレスが減少し、モチベーションが上がる
3）コミュニケーションを円滑にする
4）パワハラを防止する
5）自分とは違う価値観に寛容になり、柔軟性が広がる
6）業務の生産性が上がる

◆ 怒りがわいた時の対処方法
1）6秒間数える
2）怒りがわきそうな場面から離れる
3）何に怒ったのかを記録し、後で見返してみる
4）相手の背景を考えてみる
5）怒りを点数化する
6）深呼吸をする

8.5 各工程の「評価時」に確認すべきこと [Check]

8.5.1 評価すべきことは何か

　各工程の完了タイミングは、次の工程に進んで良いかどうか判断する重要なポイントです。前工程で良くなったポイント、どうすれば良い方向に進めるかなど、プロジェクトメンバ全体できちんと振り返りを行いましょう。

　基本的には、計画（Plan）で立てた内容に対して、実行（Do）した内容を評価する形となります。一般的には、以下のようなポイントが考えられます。

・計画したことができたのか
・できなかったとしたら、できない状態で次に進んで良いか
・違った形で対応した場合に、本来実施すべきことを満たせているか

　評価項目の中でも、特に「品質基準」についてはシステム開発における肝となりますので、詳しく説明します。

　基本設計であれば「レビュー密度」「指摘密度」が、結合テストであれば「バグ密度」「テスト密度」が基準に当たります。**基準内に収まっていない場合、なぜ基準内に収まっていないのか深堀することが重要**です。これらを分析し、深堀することで、よりいっそう品質を上げることができます。代表的な基準を表8.6に示します。

表 8.6　代表的な基準の例

工程	測定量	導出基準値
全工程	・規模（LOC） ・作業工数（人月、人日）	―
設計	・レビュー回数 ・レビュー時間 ・レビュー対象ページ数 ・レビュー指摘件数	・レビュー指摘密度（件数/LOC、件数/ページ数） ・レビュー工数密度（人日/LOC、人日/ページ数） ・レビュー指摘効率（人日/件数）
テスト	・バグ件数 ・テストケース数	・バグ密度（件数/LOC） ・テスト密度（ケース数/LOC）

8.5.2 各工程の「評価時」に注意すべきポイント

評価においては、立てた計画に対して問題なく達成しているかを確認することが主なタスクになります。

◉ 計画で定めたゴールが達成できていること

各工程の計画書では、必ず工程のゴールを記載すると思います。そのゴールを満たしているか、しっかりと確認してください。満たしていない場合でも、完了の目途が立っていることを前提に先の工程に進むことはあります。しかしながら、基本的には計画で定めたゴールを達成できていることが重要です。

◉ 開発ベンダからの報告を鵜呑みにしないこと

各工程の完了時には、開発ベンダから品質についても報告があることが一般的です。この品質基準について、深堀をしているかを必ずチェックしましょう。品質基準を満たしていない場合は、何が原因なのかをきちんと分析します。工程別の品質基準は、前掲した表8.6に挙げているようなものがあります。

基準を満たしていない場合によくあるのは、「ある特定の人に偏っている」「ある特定の機能に偏っている」「そもそも基準の設定がおかしい」などです。開発ベンダからの報告があった際には、これらを深堀りし、なぜ基準値に達していないのかを念入りにチェックしてください。

◉ 各工程の完了時にきちんと振り返りを行うこと

忙しいと、ついつい「評価」や（次ステップの）「改善」がおろそかになることがあります。しかし、当該工程の進め方に問題はなかったのか、きちんと振り返りを行ってください。振り返りがあるかないかは、今後の工程の生産性に大きな影響を及ぼします。

8.5.3 特に重要な社外要因・社内要因

評価で重要な点は、経験などに依存せず、誰もが同じように振り返ることができるかどうかです。

⊙ 社内 **文化・組織・体制**

　計画と実行を実施する会社は多いのですが、評価（振り返り）を実施しない会社は結構あります。これは、それぞれの会社の文化にも依存してしまうため、変えることはなかなか難しいです。しかし、振り返りや評価を行わないと、組織の成長を止めてしまう懸念があります。少しずつでも良いので、振り返りの文化を根付かせることが重要です。

⊙ 社内 **社内ルール**

　各工程の完了時の確認や振り返りは、個人の経験に依存するケースが多々あります。しかしながら、各々が自由に振り返りを行うと抜けや漏れが発生し、本来振り返るべき部分が見落とされ、悪い部分をその後の工程まで引きずってしまう可能性があります。また、個人の経験に依存するのは、継続性の観点からも良くありません。工程完了時に確認すべきことを明確化するなど、標準化指針を策定することが重要です。

8.5.4 失敗事例 前工程の良くない部分が改善されず、次の工程に持ち越された！

⊙ **関連要因**

　社内 文化・組織・体制

⊙ **事例の概要**

　前工程で開発ベンダの一部の人間にタスクが集中してしまい、それに加えてタスクの見える化がまったくできておらず、プロジェクトが遅延してしまうという事象が発生しました。開発ベンダは改善すると言っていたものの、次の工程でも同様の問題が発生し、さらに遅延幅が広がってしまいました。

⊙ **問題点**

・前工程の振り返りがきちんとされておらず、適切な対処もされていない
・一部の人間にタスクが偏っているが、そのまま放置されている

⊙ **改善策**

　前工程の振り返りをきちんと実施してほしいと、開発ベンダにしっかり伝え

ます。加えて、振り返り内容が問題ないかどうかを発注者側もきちんとチェックします。どうしても改善されない場合は、発注者側の内部でエスカレーションし、開発ベンダ側の上層部に伝えることが重要です。

COLUMN

上手くいかなかった物事は「なぜなぜ分析」をしよう！

　評価においては、上手くいかなった物事について、根本原因を突き止めて対策することが重要です。以下のように、「なぜ」を4回から5回繰り返す「なぜなぜ分析」を用いて、根本原因を突き止めましょう。

◆ **事象**
基本設計工程にて、2週間の進捗遅延が発生した。

⬇ なぜ

全般的に、設計書の事業会社レビューに想定以上の時間を費やしてしまったため。

⬇ なぜ

想定よりも指摘件数が多く、その対応に時間を有したため。

⬇ なぜ

設計書の品質が悪いため。

⬇ なぜ

◆ **根本原因**
各個人で書き方や記載内容の粒度が合っていない。加えて、必ず押さえるべき要件とのマッピングが盛り込めていない。

◆ **対策**
設計標準を作成し、誰もが同じ品質で基本設計書を作成できるようにする。

第1章

第2章

第3章

第4章

第5章

第6章

第7章

第8章

マネジメント

8.6 各工程の「改善時」に検討すべきこと［Action］

8.6.1 改善すべきことは何か

各工程の評価が完了した後に実施するのが改善です。評価を確認しながら、良かった点は継続的に実施し、改善すべき点は期日を設定した上で改善しましょう。改善した点については、次工程の計画（Plan）に引き継ぎを行います。

また、次の工程に進むだけではなく、今後別のプロジェクトを実施するにあたってノウハウを貯めておきましょう。改善点も、次のプロジェクトへつないでいきます。

重要なポイントとして、**個人に狙いを定めた振り返り・改善を行うのは止めましょう**。個人ではなく、組織や仕組みに焦点を当てることが大切です。なぜなら、根本的な解決策に繋がらないためです。担当者を変えれば上手くいくかもしれませんが、これでは人に依存した仕組みのままですよね。

8.6.2 各工程の「改善時」に注意すべきポイント

振り返りの結果、多くの改善点が挙げられる可能性があります。すべて実施するのではなく、優先順位を付けながら実施することが重要です。

◉ いつまでに何のアクションをすべきかを明確にすること

改善は、「いつか対応する」といった曖昧な期日設定になりがちです。これではいつまでたっても現場は良くなりません。明確な期限設定を行い、いつまでに対応すべきかを明らかにすることが重要です。業務自体の改善はすぐには実施できない可能性がありますので、計画的に行いましょう。

◉ 改善点についても評価し、優先順位付けして実施すること

多くの改善点があった場合、それらを愚直にすべて実施するのはかなりの工数や期間がかかることがあります。どの改善点から実施すべきか、優先順位付けして対応していきましょう。

8.6.3 特に重要な社外要因・社内要因

改善点については、他のプロジェクトなどでも同様に困っている可能性があります。改善点については、積極的に内容を共有しましょう。

⊙ 社内 他案件

他案件などに流用できる改善点は、積極的に展開、流用しましょう。他案件側でも同じ理由で失敗する可能性がありますし、逆もしかりです。たとえば、設計レビューの品質が悪かったことから、設計指針マニュアルを作成したとします。他のプロジェクトにおいても、そのマニュアルがあればプロジェクトがスムーズに進み、失敗する可能性を減らせるかもしれません。他への展開、流用も意識しながら進めていきましょう。

8.6.4 失敗事例 他案件での改善が共有されず、保守案件で同じミスが発生！

⊙ 関連要因

社内 他案件

⊙ 事例の概要

システムの保守を複数のメンバで実施していました。あるメンバが、新規作成したジョブを追加する案件を実施する中で、起動時刻を「6時」としていたのですが、実際は「30時」にするのが正しいことがわかりました。この失敗の経験から、そのメンバはチェックリストを作成し、自身の中で運用していました。

ところがその後、別案件の担当者が同じ失敗をしてしまい、ジョブを受け入れる担当からひどく怒られてしまう事態となりました。

⊙ 問題点

・チェックリストを作成、改善するところまでは問題ないが、その失敗や改善点が他の担当者と共有できていなかった

⊙ **改善策**

　失敗したことはなかなか言いにくいですが、その失敗に対する改善点が他の人の財産になることもあります。改善点を貯め込むスキームを用意し、チーム定例会議などの場でこうした共有事項を明確に伝えるようにすることが、改善策として有用です。

COLUMN

「30 時」って何？

　システムには、「基準日」という重要な考え方があります。基準日とは、システムが稼働する上での処理日です。

　たとえば、月曜日に動く処理があったとします。月曜日に登録されたデータを処理するようなものになりますが、実際に処理が稼働するのは火曜日の朝6時かもしれません。システムトラブルの影響で処理が水曜日になってしまうかもしれません。

　こうした処理を実際の日付で処理していると、システムが対象とするデータ自体が変わってしまいますよね。こうした事態を避けるために「(処理)基準日」が必要となり、たとえば上記の火曜日朝6時は、月曜の30時となります。とくに外部システムとデータファイルを連携するといったケースでは、渡すファイルの基準日は非常に重要です。

8.7 この章のまとめ

マネジメントは、プロジェクト全体が上手く進んでいるかを確認する重要な工程です。ここで妥協してしまうと、大幅なスケジュール遅延といったプロジェクトの失敗となりかねない重大な問題を発生させてしまう可能性もあります。そのようなことが起こらないよう、しっかりと対応してください。そして、ステップを終える前に必ずチェックしましょう（**表8.7**）。

表 8.7　マネジメントの各ステップとポイント

ステップ名	ポイント
各工程の「計画時」に検討すべきこと［Plan］	・関係者とのすり合わせ、変更内容の周知を実施すること ・各工程のゴールを明確に定めること ・計画の実行可能性をシミュレーションして確認すること ・実績のある実行計画書のフォーマットを用いること ・悪い未来も良い未来も先読みして動くこと
各工程の「実行時」に確認すべきこと［Do］	・チェックポイント（中間確認会）を設けること ・実行計画書に定めた進め方になっているかを確認すること ・計画の見直しも検討すること ・品質管理を開発ベンダに丸投げしないこと ・計画したスケジュール通りに進んでいるかを随時確認すること
各工程の「評価時」に確認すべきこと［Check］	・計画で定めたゴールが達成できていること ・開発ベンダからの報告を鵜呑みにしないこと ・各工程の完了時にきちんと振り返りを行うこと
各工程の「改善時」に検討すべきこと［Action］	・いつまでに何のアクションをすべきかを明確にすること ・改善点についても評価し、優先順位付けして実施すること

Appendix

役に立つフレームワーク

本書の解説に登場した、役立つフレームワークをAppendixとしてまとめました。

KPT法

振り返りをスムーズに行うことができるフレームワークです。下記の5つの手順により、振り返りを実施します。

◉ステップ1

図A.1のように、「Keep」「Problem」「Try」の3つのセクションに分けます。

◉ステップ2

「Keep」セクションには、その工程で上手くいったこと、このまま継続したほうが望ましいことを記載します。

◉ステップ3

「Problem」セクションには、その工程における問題点、課題を記載します。

図A.1　KPT法

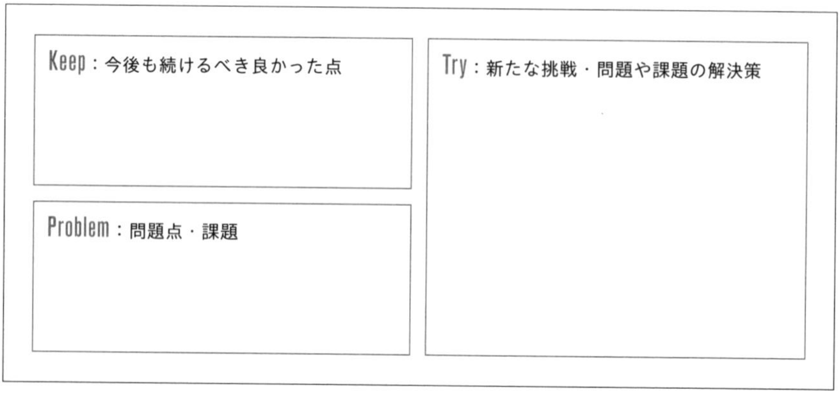
Keep：今後も続けるべき良かった点
Problem：問題点・課題
Try：新たな挑戦・問題や課題の解決策

● ステップ4

「Try」セクションには、問題や課題の解決策、それに伴って新たに挑戦すべきことを記載します。

● ステップ5

書き出した項目を再考して整理します。そして、それらを以降のアクションとして実行していきます。

SMART

目標を設定する際に、目標が曖昧なものになっていないかどうかを検証するためのフレームワークです（**表A.1**）。

表 A.1　SMART

項　　目	内　　容
Specific	具体的かつ、分かりやすいか。
Measurable	計測可能か。定量的に表現されているか。
Achievable	関係者は同意しているか。達成可能であるか。
Relevant	資料内や資料間で関係性や整合性はとられているか。
Time-bound	期限が明確であるか。

5W2H

物事を具体的に分かりやすく伝えるためのフレームワークです。**表A.2**に記載した5W2Hの項目が明確になっていない場合、曖昧さを含んでいると考えられます。プロジェクトはコストが重要なので、本書では明示的にHow muchを入れています。一般的にはHow muchがない5W1Hがよく使われています。

表 A.2　5W2H

項　　目	内　　容
Who	誰が
Where	どこで
What	何を
When	いつ
Why	なぜ
How	どのように
How much	いくら

第1章

第2章

第3章

第4章

第5章

第6章

第7章

第8章

Appendix 役に立つフレームワーク

重要度と緊急度のマトリックス

　実施すべきタスクがたくさんある場合、どのタスクから手を付けたら良いか優先順位付けを行うと思います。そうした優先順位付けを手助けするフレームワークの一つに、重要度と緊急度のマトリックスがあります。図A.2の例であれば、機能A→機能D→機能B→機能Cの順番で構築することが望ましいと判断できます。

図 A.2　重要度と緊急度のマトリックス

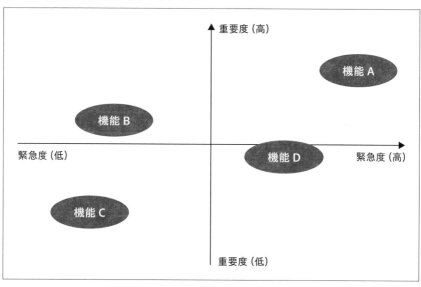

参考文献

本書の執筆にあたり参考にした文献は以下の通りです。本文中で参照している文献については、該当箇所に文献名、URLなどの情報を記載しています。

◉ 書籍

『「ひとり情シス」虎の巻』／成瀬雅光［著］／日経BP／2018年

『システム設計の基礎から実践まで 1からはじめるITアーキテクチャー構築入門』／二上哲也、田端真由美 ほか［著］／日経BP／2017年

『弁護士が教える IT契約の教科書』／上山浩［著］／日経BP／2017年

『IT負債 基幹系システム「2025年の崖」を飛び越えろ』／室脇慶彦［著］／日経BP／2019年

『RFPでシステム構築を成功に導く本 −ITベンダーの賢い選び方 見切り方』／広川敬祐［編著］／櫻井亮、服部克彦、松尾重義［著］／技術評論社／2011年

『運用設計の教科書〜現場で困らないITサービスマネジメントの実践ノウハウ』／日本ビジネスシステムズ株式会社 近藤誠司［著］／技術評論社／2019年

『ITエンジニアの必須スキル 顧客に響くシステム提案メソッド』／式町久美子［著］／日経BP／2019年

『システム導入のためのデータ移行ガイドブック—コンサルタントが現場で体得したデータ移行のコツ』／久枝穣［著］／インプレスR&D／2017年

『システム開発 受託契約の教科書』／池田聡［著］／翔泳社／2018年

『システム開発のすべて』／北村充晴［著］／日本実業出版社／2008年

『システム設計のセオリー —ユーザー要求を正しく実装へつなぐ』／赤俊哉［著］／リックテレコム／2016年

『システム設計の謎を解く 強いSEになるための機能設計と入出力設計の極意』／高安厚思［著］／SBクリエイティブ／2013年

『システムの問題地図〜「で、どこから変える？」使えないITに振り回される悲しき景色』／沢渡あまね［著］／技術評論社／2018年

『情シス・IT担当者［必携］システム発注から導入までを成功させる90の鉄則』／田村昇平［著］／技術評論社／2017年

『システムを「外注」するときに読む本』／細川義洋［著］／ダイヤモンド社／2017年

『システムを作らせる技術 エンジニアではないあなたへ』／白川克、濵本佳史［著］／日本経済新聞出版／2021年

『成功するシステム開発は裁判に学べ！〜契約・要件定義・検収・下請け・著作権・情報漏えいで失敗しないためのハンドブック』／細川義洋［著］／技術評論社／2017年

『中小企業の「システム外注」はじめに読む本』／坂東大輔［著］／すばる舎／2018年

『手戻りなしの要件定義実践マニュアル 増補改訂版』／水田哲郎［著］／日経BP／2011年

『はじめての上流工程をやり抜くための本 〜システム化企画から要件定義、基本設計まで』／三輪一郎［著］／翔泳社／2008年

『はじめての設計をやり抜くための本 〜概念モデリングからアプリケーション、データベース、アーキテクチャの設計まで』／吉原庄三郎［著］／翔泳社／2008年

『図解入門 よくわかる最新 システム開発者のための要求定義の基本と仕組み［第2版］』／佐川博樹［著］／秀和システム／2010年

『誰も教えてくれなかった システム企画・提案 実践マニュアル』／水田哲郎［著］／日経BP／2014年

◉ その他

『DXレポート 〜ITシステム「2025年の崖」の克服とDXの本格的な展開〜』／経済産業省／
https://www.meti.go.jp/policy/it_policy/dx/dx.html

おわりに

　最後までお読みいただきありがとうございました。また、大変おつかれさまでした。本書の内容は、「実業務に活用する」ことで初めて意味があるものです。ぜひ手元に置いて、繰り返し見ながら実践してください。

　書籍を出版しよう。そう思い立ち企画を開始してから出版まで、結果的に2年以上を要しました。変化のスピードが速いと言われるIT業界ですが、本質的なところは大きく変わりません。本書で紹介したノウハウは、そうそう簡単に腐るものではないはずです。ぜひ本質を身につけ、活用していただきたいと願っております。

　本書では大小さまざまなノウハウを紹介してきました。大切なポイントをあえて1つだけに絞るとしたら、それは「結局は人ですよ」という点です。システムは機械的に動きますが、作る人、使う人、運用する人、すべて人です。どれだけ素晴らしいツールがあっても、どれだけ秀逸な仕組みがあっても、最後は人に依存します。組織として人の成長に投資していく。そのような組織を作ることが、長期的に見た時の最善策だと考えます。根幹は「人」であるということを認識していただけますと、これまた幸いです。

　最後になりますが、このような出版の機会を与えてくださった技術評論社様、編集者の鷹見様。前職 株式会社野村総合研究所在籍時に、さまざまな点をご指導いただきましたお客様、上司、先輩、同僚、後輩、パートナーの皆様。本書の品質向上レビューに多大なご協力をいただいた木村賢様、澤田健司様。長い執筆活動をともに完走してくれた共著者である解夏。ご協力いただいた解夏のご家族様。そして、長期間、執筆活動のための時間を作ってくれた妻 載子、息子 考成、仁成。

　皆様のご協力なしには本書を世に送り出すことはできませんでした。この場をお借りして、お礼を申し上げます。本当にありがとうございました。

2022年1月21日
著者を代表して　株式会社グロリア 代表取締役　石黒直樹

◉ 執筆者プロフィール

石黒 直樹（いしぐろ なおき）

1981年生まれ、京都府出身。株式会社グロリア
代表取締役。
大学卒業後、日本を代表するシステムインテグレー
タ (SIer) である株式会社野村総合研究所に入社。
主に、高い品質が必要とされる金融系システムを
担当し、大規模プロジェクト、開発、保守、運用
など、情報システムに関するさまざまな経験を有
する。15年勤務の末、独立して現職。現在は主
に中小企業、個人事業主のビジネス発展をITを
軸にして支援中。企業理念は「あなたと共に、
未来を創る」。情報処理安全確保支援士
(#019126)、情報処理技術者試験（ITストラテジ
スト試験、プロジェクトマネージャ試験 合格）。

https://gloria.cool

解夏（げげ）

新卒でシステム開発会社に入社。アプリケーションの設計・開発に従事。その後、大規模
な開発プロジェクトのリーダやマネジメントを経験。現在は、事業会社のシステム企画部
門に所属し、システムグランドデザイン検討、システム企画、導入時のプロジェクトマネジ
メントなどを行っている。保有資格はProject Management Professional（PMP）、情報
処理技術者試験（プロジェクトマネージャ試験、データベーススペシャリスト試験合格）など。

索引

カバーデザイン ● 岡崎善保（株式会社志岐デザイン事務所）
本文デザイン／DTP ● はんぺんデザイン
編集 ● 鷹見成一郎

■ **お問い合わせについて**

本書に関するご質問については、本書に記載されている内容に関するもののみとさせていただきます。本書の内容と関係のないご質問につきましては、一切お答えできませんので、あらかじめご了承ください。また、電話でのご質問は受け付けておりませんので、FAX、書面、または下記サポートページの「お問い合わせ」よりお送りください。

[問い合わせ先]
〒162-0846 東京都新宿区市谷左内町 21-13
株式会社技術評論社　雑誌編集部「情シスの定石」係
FAX：03-3513-6173

なお、ご質問の際には、書名と該当ページ、返信先を明記してくださいますよう、お願いいたします。お送りいただいたご質問には、できる限り迅速にお答えできるよう努力いたしておりますが、場合によってはお答えするまでに時間がかかることがあります。また、回答の期日をご指定なさっても、ご希望にお応えできるとは限りません。あらかじめご了承くださいますよう、お願いいたします。

● **本書サポートページ**
https://gihyo.jp/book/2022/978-4-297-12689-6
本書記載の情報の修正・訂正・補足については、当該 Web ページで行います。

情シスの定石
〜失敗事例から学ぶシステム企画・開発・保守・運用のポイント〜

2022年3月4日　初版 第1刷　発行

著　　者	石黒直樹、解夏
発 行 者	片岡巌
発 行 所	株式会社技術評論社
	東京都新宿区市谷左内町 21-13
	電話　03-3513-6150　販売促進部
	03-3513-6177　雑誌編集部
印 刷 所	昭和情報プロセス株式会社

ISBN978-4-297-12689-6 C3055
Printed in Japan